존재하는 것은 무엇이든 옳다

존재하는 것은 무엇이든 옳다: 11개의 키워드로 읽는 스티븐 제이 굴드의 생명이야기

발행일 초판1쇄 2018년 8월 29일 | **지은이** 정철현
펴낸곳 북드라망 | **펴낸이** 김현경 | **주소** 서울시 종로구 사직로8길 24 1221호(내수동, 경희궁의아침 2단지) |
전화 02-739-9918 | **이메일** bookdramang@gmail.com

ISBN 979-11-86851-82-1 03470 | 이 도서의 국립중앙도서관 출판예정도서목록(CIP)은 서지정보유통지원
시스템 홈페이지(http://seoji.nl.go.kr)와 국가자료공동목록시스템(http://www.nl.go.kr/kolisnet)에서 이용
하실 수 있습니다.(CIP제어번호: CIP2018024848) | **Copyright ©** 정철현 저작권자와의 협의에 따라 인지는
생략했습니다. 이 책은 지은이와 북드라망의 독점계약에 의해 출간되었으므로 무단전재와 무단복제를 금합니
다. 잘못 만들어진 책은 서점에서 바꿔 드립니다.

책으로 여는 지혜의 인드라망, 북드라망 **www.bookdramang.com**

Stephen Jay Gould

존재하는 것은 무엇이든 옳다

11개의 키워드로 읽는 스티븐 제이 굴드의 생명이야기

정철현 지음

BookDramang
북드라망

머리말

1.

암기식 이과 교육을 받았던 고등학교 시절, 대학의 과학공부는 조금 다를 거라고 생각했다. 대학에 들어가자마자 그 기대는 산산조각났다. '질문은 NO, 일단 무조건 수용' 식의 과학공부에서 나는 어떤 의미도 찾을 수 없었다. 나는 당시 대학의 공부가 삶을 어떻게 살아가고 삶을 어떻게 바라보아야 하는지를 가르쳐 줄 거라고 생각했기 때문이다. 그런데 일단 무조건 정보를 수용하라는 식의 과학공부에서 나는 과학은 객관적 진리를 단순히 익히는 학문이라 단정지었고, 내 삶을 위한 어떤 지혜도 과학에서는 얻을 수 없겠다 생각했다.

그러고는 나의 오랜 로망이자, 숙원사업이었던 문사철(文史哲)을 공부하고자 지금의 공부공동체에 발을 디뎠다. 1년가량 여러 세미나에서 도스토옙스키를 비롯한 러시아 문학, 마르크스와 들뢰즈 등 서양철학과 역사 등을 공부하며 나의 로망을 실현하고 있었다. 그런데 어느 순간 그토록 싫어하던 과학을 공부하고 있는 나를 발견하게 되었다. 어찌된 일인가 하면, 몇몇 사람들과의 운명적인 만남이 있었기 때문이다. 그들은 바로 토머스 쿤과 스티븐 제이 굴드다.

　토머스 쿤(Thomas Kuhn)의 『과학혁명의 구조』를 읽고 나는 과학에 대한 새로운 관점을 가질 수 있었다. 쿤에 의하면, 과학은 공통의 전제, 즉 패러다임을 지닌 과학자'들'이 만든 사회적 구성물이었다. 토머스 쿤은 새로운 과학사 연구방법을 통해 세월이 흘러감에 따라 과학자 사회의 패러다임이 변했고, 그때마다 새로운 세계와 새로운 진리들이 생산되었다는 점을 알려주었다(자세한 내용은 박영대·정철현의 『쿤의 과학혁명의 구조─과학과 그 너머를 질문하다』를 참조하시라). 쿤으로부터 나는 과학이 암기해야 할 절대적인 진리가 아니라, 세상을 바라보는 하나의 관점이자 렌즈임을 배웠다. 과학을 공부한다는 것은 우주와 생명을 새로운 시각으로 볼 수 있는 새로운 렌즈를 장착하는 일이었다. 나는 그때 알았다. 과학공부를 통해서도 삶에 대한 지혜와 철학을 터득할 수 있다는 것을.

　토머스 쿤이 과학 일반에 대한 새로운 관점을 제시해 주었다면, 스티븐 제이 굴드(Stephen Jay Gould)는 생물학이라는 분과에서 과학의 관점을 통해 어떻게 삶을 사유하고 인생과 우주에 대해 배울 수 있는지 보여 주었다. 굴드는 진정한 고생물자로서의 삶을 살아갔다. 고생물학자는 생명의 역사에서 벌어지는 무수한 탄생과 소멸, 여러 계통들의 흥망성쇠, 그리고 그 속에서 끊임없이 이어지는 생명의 삶, 즉 연속성을 사유한다. 또 이 속에서 고생물학자는 개체들의 독특한 차이들을 포착해 내고, 다양성과 역사적 우연성을 긍정한다. 즉 고생물학자는 역사 속에 존재했던 수많은 생명들의 삶과 죽음의 모습들, 변화와 지속의 양상들을 사유하고 통찰하는 자인 것이다. 굴드는 이러한 생에 대한 깊은 통찰을 자신의 일상 속에 반영하고 반추한다.

300회의 대중 에세이 연재와 야구 경기의 대기록을 생명의 연속성에 비유하는 장면에서, 다양성과 차이를 사랑하는 고생물학자로서 획일화된 문화와 사상적 풍토에 반기를 드는 모습에서, 유일무이한 어떤 달팽이의 멸종을 바라보며 안타까워하는 그의 모습에서, 판다와 오리너구리에 대한 그의 팬심에서도, 어떤 장소의 전체성과 진실성을 발견해 나가는 여행지에서의 모습에서도, 노래를 사랑하는 탁월한 아마추어 중창단원으로서도, 동네 식당에서 밥을 먹는 일상적인 모습에서도 등등. 그의 삶 구석구석에서 고생물학자로서의 통찰과 사유가 묻어난다. 나는 자신의 앎을 통해 삶을 살아가고 있는 굴드의 솔직하고 진정성 있는 모습, 그리고 그로부터 나오는 재치있고 유쾌한 유머에 깊이 빠져들었다.

굴드를 만나고 어느새, 나는 그를 따라 그가 분노하는 부분에 함께 화내고, 그가 유쾌하게 농담하는 부분에 함께 웃고, 그가 감동하며 따뜻하게 건네는 말에 눈물을 훔치며 책을 읽고 있는 나 자신을 발견하게 되었다. 그때부터였다. 굴드처럼 과학을 공부하고 글을 쓰는 것이 나의 목표가 된 것은. 원고를 쓰면서 이 목표는 매우 요원한 일이라는 것을 알았다. 어쨌든 이 원고를 통해 과학을 피해 다니다 다시 과학을 공부하게 된 나의 우연적이고 역설적인 개인사는 어느 정도 일단락이 되는 셈이다.

2.

굴드는 과학자다. 그는 고생물학이라는 전문분야 안에서 과학자로서 갖춰야 할 여러 가지 가치, 태도, 소양들을 훈련받은 사람이다. 그가 내놓은 과학이론이나 과학적 주장은 이러한 전문분야의 산물이다. 그리고 그의 이론들은 과학자들의 공동체 속에서 면밀하고 냉정하게 평가받았을 것이다. 진화에 대한 굴드의 이론과 여러 제안과 비판들은 학자들 사이에서 논란이 되기도 했고, 때론 수용되지 않기도 했으며, 다른 연구나 새로운 발견들을 통해서 반증되기도 했다.

나는 굴드의 연구를 이러한 과학자의 입장에서 보지 않는다. 아니, 보고 싶지 않다. 또 한편으로 나는 굴드의 이론 자체를 면밀히 검토하는 과학철학적인 입장, 그 이론들의 등장배경과 의의를 검토하는 과학사적인 입장에 서 있지도 않다. 나는 굴드라는 사람에게 다른 방식으로 접근하고 싶었다. 굴드가 자신의 연구를 삶과 일상으로 풀어냈듯, 굴드의 진화론을 통해 우리의 삶을 바라보고 싶었다.

굴드가 언제나 말했듯, 과학은 사회·문화·역사의 산물이며, 과학이론에는 과학자의 관점이 포함되어 있다. 그 이론에는 그 사람의 세계관, 즉 세상을 대하는 방식이 담겨 있는 것이다. 그래서 나는 굴드의 진화이론을 통해서 그가 이 세상과 어떻게 만나는지를 보려 했다. 이러한 굴드의 렌즈를 통해 나의 삶, 나의 관계, 나의 공부 등을 돌아보고 싶었다. 굴드가 부딪히고 논쟁한 다른 과학자들의 이론 역시 이런 관점에서 바라봤다. 고백하자면 과학이론의 참/거짓은 내게 그리 중요한 문제가 아니다. 누가 진정으로 옳은지 따지는 것이 나 같은 사람에게 무슨 소용이 있겠는가. 나에게 중요했던 것은 삶을 위한 풍부한 관점과 통찰력을 그 과학이론이 제공하는지 아닌지였다. 이것이 나 같은 사람이 과학을 사용하고 활용하는 방식이다.

3.

굴드는 언제나 전체적이고 역사적인 관점에 기반해서 생명을 보려 했고, 그 속에서 모든 생명은 생생함과 독특성을 뽐냈다. 생명의 역사 속에서 생명은 과거로부터 물려받은 유산을 발판 삼아 각자 자신만의 길들을 창조하며 진화해 갔다. 생명 제각각이 걸어갔고, 걸어가고 있는 이 무수한 길은 다른 어떤 존재도 만들어 낼 수 없는 유일무이한 길이다. 이러한 창조적 진화의 장에서 모든 생명은 그 자체로 옳고, 탁월하다. 그러기에 생명은 모두 경이로운 것이다.

본문에 나온 11개의 키워드는 생명의 이러한 모습을 설명해 준다. 11개의 키워드는 크게 불완전성, 불연속성, 우연성, 이 세 가지로 요약될 수 있다. 이것들은 진화사 속의 창조적인 생명의 모습을 제각각의 주제로 변주해서 보여 준다.

1~4장에서는 불완전함이라는 것을 전혀 모르는 생명의 모습이 그려진다. 그 모습은 역사적 제약을 창조의 도약대(2장)로 삼는 생명의 모습에서 드러난다. 1장은 불완전한 생명을 그 자체로

이해하고 긍정할 수 없는 이상주의적 시각의 한계에 대해서 살펴본다. 2장부터는 불완전성을 통해 자기 삶의 지반과 계통적 연속성을 구성해 온 생명에 대해서 살펴본다. 그들에게는 어떤 결핍도 없다. 진화의 과정 속에서 그들은 자기 계통만의 독특한 길을 창조했기 때문이다. 그러한 창조는 생명체에 존재하는 역사적 제약과 중복성(3장) 덕분에 가능했다. 이렇게 불완전함을 긍정하며, 점점 더 불완전해짐으로써만 살아가는 생명의 모습을 굴드는 굴절적응(4장)으로 표현했다.

둘째, 불연속성은 생명이 살아가고 있는 시간의 패턴이자, 생명의 역사의 모습이다. 생명체가 변화함에 있어 불연속적인 단절은 필수다. 동일한 시간과 법칙을 끊어 내는 단절이야말로 변화를 가져올 수 있다. 이러한 변화관은 그의 단속평형설(5장)에서 잘 드러난다. 여기서 우리는 굴드의 시간과 변화에 대한 철학들을 엿볼 수 있다. 또한 굴드는 장구한 생명의 역사가 동일한 시간들의 반복에 의해서가 아니라 불연속적인 사건들에 의해서 만들어졌다고 파악한다. 이를 토대로 그는 불연속이 만들어 낸 생명사의 거대한 패턴(6, 7, 8장)을 그려 낸다.

셋째. 우연성을 통해 우리는 생명이 진화사의 조연이 아님을 본다. 진화에 있어서 자연선택의 배타적인 힘을 강조한 진화론은 생명을 수동적인 재료로 간주했다. 하지만 생명은 진화에 결정적인 영향을 주는 능동적인 행위자였다. 능동적인 행위자로서 생명을 재발견하는 것(9장)을 통해 굴드는 생명의 힘(구조적 힘)과 자연선택의 힘이 상호충돌하는 역동적인 진화의 장을 그려낸다. 우리는 우연성을 통해 경이로운 생명의 모습을 공간적인 측면에서 바라보는 것이다. 이러한 힘들의 역학 속에서 예측불가능한 진화적 새로움이 발생하며(10장), 이를 통해 생명의 역사가 형성된다. 바로 이러한 역사를 굴드는 예측불가능한 우연성으로 설명한다.(11장)

4.

굴드를 통해 정말 많은 사람들과 인연을 맺었고, 그 인연 속에서 많이 배웠다. 그 인연들을 생각하면서, 이 책은 수많은 인연들이 만들어 낸 산물이라는 것을 실감하게 된다. 그리고 굴드의 역사적 과학이 전하는 간단하지만 중요한 핵심, '모든 결과는 일련의 긴 사건들의 산물'이라는 말을 되새기게 된다. 우리 삶 속의 사건들은 반드시 그렇게 되어야 할 이유가 없는 우연들의 연쇄 속에서 만들어진다. 그 우연들이 계속 이어져 지금의 결과에 이르는 것을 보면, 참 기적과도 같다는 생각을 한다. 여러 인연장들에서 마주한 배움 왁자지껄한 수다'들', 그 선물과도 같은 소중한 사건'들'이 없었다면, 지금의 나와 이 책은 존재하지 않았을 것이다.

　머리말을 쓰는 지금, 굴드 책을 함께 읽으며 즐겁게 공부했던 세미나원들과 굴드의 이름을 걸고 했던 여러 세미나들이 떠오른다. '굴드vs도킨스', 『진화론의 구조』 읽기', '자연학 세미나', '오! 굴드', '앙코르 굴드', 새 책이 번역될 때마다 열었던 '벙개' 세미나 등등에서 만났던 수많은 인연들에게 감사의 인사를 드리고 싶다.

또 '남산강학원'에 감사한다. 이곳은 내게 좋은 삶과 좋은 앎을 선물해 주는 소중한 곳이다. 온갖 세미나와 공부 프로그램, 맛있는 밥과 간식, 편안한 휴식, 좋은 친구, 좋은 스승들. 이 모든 것들은 남산강학원이 있었기에 가능했다.

무엇보다도 연구실 선배인 문성환 선생님과 신근영 선생님께 감사의 인사를 드린다. 원고가 시작돼서 끝나는 그날까지 물리적·정신적으로 엄청난 도움을 주었다. 선배들이 없었다면, 이 책은 아예 불가능했을 것이다.

마지막으로 오랜 시간 동안 나의 공부를 묵묵히 응원해 준 나의 아내, 언제나 자식들이 좋아하는 것을 응원하고 자랑스러워하며 물심양면으로 지원을 아끼지 않은 아버지와 어머니, 자신의 길을 열심히 가고 있는 동생, 그리고 손주들 뒷바라지에 고생이 많으셨던 외할머니와 고인이 되신 외할아버지께 이 자리를 빌려 감사의 인사를 드린다.

호모 쿵푸스들의 왁자지껄한 배움터 남산강학원에서
정철현

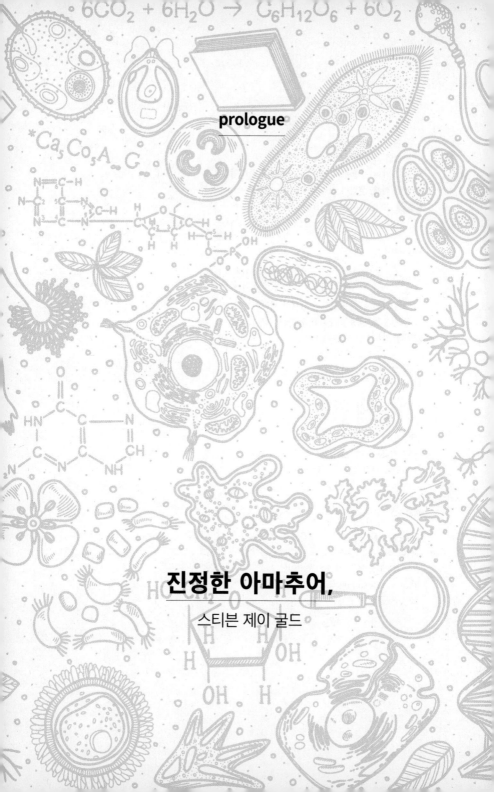

진정한 아마추어,

스티븐 제이 굴드

굴드는 객관적인 과학자?

"이게 과학자의 글인가?"──굴드의 에세이집을 처음 읽고 난 뒤에 든 생각이었다. 실망 그 자체였다. 뛰어난 고생물학자, 20세기 진화생물학계를 주도한 석학, 행동하는 지식인, 과학글쓰기의 새로운 지평을 연 과학저술가 등등. 책을 읽기 전 그의 이름에 붙은 훌륭한 수식어들은 익히 들어 알고 있었지만, 그러한 높은 평가도 굴드에 대한 나의 첫인상을 바꾸지는 못했다.

　무미건조한 과학교과서만 익숙했던 이과생이 보기에 굴드의 글은 어딘지 모르게 이상한 글이었다. 글이 다루는 소재나 주제는 분명 과학의 것들이 틀림없는데, 정작 글의 전개방식이나 스타일은 인문학자가 쓴 글 같았기 때문이다. 게다가 글 안에는 문학, 건축, 음악, 종교, 미술 등을 망라한 다방면의 인문학적 소재들이 굴드의 여러 상념들과 섞여 있었다. 나중에 그런 여러 소재들이 굴드의 사유와 멋지게 조화되어 있다는 것을 알게 되었지만, 그 당시 나에게 굴드의 글은 매우 산만하게 보였고, 읽기가 난해했다. 이렇게 굴드와의 첫 만남은 좋지 못했다.

　하지만 좋지 못했던 첫인상은 굴드의 글을 계속 읽으면서 흐릿해져 갔고, 나는 점점 굴드의 세계로 빠져 들어갔다. 역설적이지만 굴드를 비호감으로 만들었던 그의 스타일이 어느덧 그의 커다란 매력 포인트가 되어 있었다. 돌이켜보면, 내가 굴드의 열렬한 팬이 되어 가는 과정은 내가 과학과 과학자에 대해 지녔던 기존의 이미지들을 바꿔 나가는 과정이었다. 내가 과학자에 대해 가졌던 이미지는 나 자신이 과학자에게 기대하는 바였을 텐데, 나는 과학자 굴드에게 무엇을 기대했단 말인가? 그것은 '객관성'이었다. 나는 굴드가 '객관적 과학자'이길 원했던 것이다.

객관적 과학자는 대상과 거리감을 두고 연구하려고 노력한다. '객관적'(objective)이라는 말은 무엇인가를 그것으로부터 멀리 떨어져서 본다는 의미로, 저 건너편(ob-)으로 던져진(ject) 것, 즉 대상(object)을 아무런 감정 없이 제3자의 입장에서 바라보는 것이다. 그래서 과학자에게 대상으로부터 명확하게 분리되어 언제나 일정한 거리감을 유지하는 것은 객관적 과학연구를 위한 매우 중요한 태도이다. 이를 위해서 과학자는 대상에 일체의 주관을 개입시키지 않는다. 선입관, 편견, 기호, 가치관을 비롯한 자신의 의견이나 감정을 연구에서 배제시키려고 한다. 혹여 과학자의 주관이 대상에 포함된 진리를 가려 버릴 수 있기 때문이다. 과학자들은 자신의 관점을 지우고 명석판명하고 냉철한 사람이 되어 대상을 '객관적'으로 관찰해야 한다. 이것이 과학자가 대상에 대해 지녀야 할 태도다.

나는 굴드의 글을 읽으며, 그가 과학자로서 지녀야 할 이러한 덕목을 갖추지 못했다고 느꼈다. 송곳처럼 날카롭고 냉철한 지성으로 구체적인 비유와 예시를 들어가며, 군더더기 없이 간결한 문장을 써 내고, 치밀한 논리로 자신의 주장을 객관적이고 합리적으로 제시하는 글, 이런 글이 객관적 과학자의 모범적 글쓰기라 생각했다. 그래서 그런 글을 쓰지 않는 굴드에 실망했다.

굴드에 푹 빠지게 된 후에야 깨닫게 된 것이지만, 과학자에 대해 갖게 되는 전형적이고 이상적인 상이 굴드만이 지닌 독특한 과학연구의 스타일을 보지 못하게 방해하고 있었다. 이러한 상들을 없애 버리고 나면, 누구든 굴드의 매력에 푹 빠지게 된다. 역설적이지만 굴드의 매력은 그를 비호감으로 만들었던 객관적이지 못한 모습일 것이다. 우리는 굴드의 그런 모습을 보며 이렇게도 과학을 연구할 수 있구나 감탄하게 된다. 굴드가 어떻게 과학을 연구하기에 그렇게 놀랄 수 있는가?

———

달팽이와 사랑에 빠진 남자 ─ 수색 이미지, 사랑에 빠진 자의 '눈'

———

스티븐 제이 굴드(Stephen Jay Gould, 1941~2002), 그는 하버드 대학교의 고생물학 교수다. 수많은 A급 과학자들과 진화이론에 대한 논쟁을 펼쳤고, 독특한 진화이론을 제시하면서 학계의 판도를 쥐락펴락했을 정도로 세계적으로 영향력 있는 과학자다. 이쯤 되면 그가 뭔가 거창하고 스케일이 큰 대상을 연구했을 거라고 생각하기가 쉽겠지만, 그가 주로 연구한 대상은 놀랍게도 달팽이다. 달팽이 연구자, 굴드! 큼직한 이목구비와 풍성한 콧수염을 지닌 굴드의 생김새로 봐서는 투박한 손과 호탕한 웃음을 가진 사람처럼 보인다. 그런 생김새의 굴드가 연구한 대상이 느릿느릿 기어

다니는 조그만 달팽이라니 웃음부터 나온다.

하지만 그 웃음이 머쓱해질 정도로, 굴드는 달팽이에 평생토록 푹 빠져 있었다. 언뜻 달팽이라고 하면 큰 달팽이 아니면 작은 달팽이, 껍질 있는 달팽이와 껍질 없는 민달팽이 정도가 떠오른다. 그러나 굴드에게 달팽이의 세계는 크고 넓다. 매우 조그마한 달팽이라고 해서 다 비슷한 것이 아니다. 굴드의 눈에는 달팽이들의 작은 차이들이 모두 들어온다. 달팽이집 껍질의 세로 길이와 가로 길이가 길고 짧은지, 껍질의 나선방향이 시계방향인지 반시계방향인지, 그 나선의 꼬인 각도가 몇 도인지, 껍질에 홈이 파였는지, 얼룩덜룩한지 하얀지, 둥근 모양인지 각겼는지 등에 따라 달팽이들의 이름들이 각기 다르다. 어떤 경우에는 달팽이의 생식기 구조를 보고 달팽이들을 구별할 정도다.

이뿐만이 아니다. 자기가 연구하고 있는 달팽이의 다양성이 다른 동료 달팽이 연구가의 것보다 덜하다고 그를 질투굴드, 「어느 황홀하지 않은 저녁」, 『여덟 마리 새끼 돼지』, 김명남 옮김, 현암사, 2012, 32쪽하기도 하며, 또 언젠가 학회에서 누군가가 정말 희귀한 사각형 달팽이를 야심차게 선보였을 때, 이에 질세라 자신이 고이 간직하고 있던 매우 독특하게 생긴 직사각형 달팽이를 꺼내 응수하기도 한다.굴드, 「작품번호 100」, 『플라밍고의 미소』, 김명주 옮김, 현암사, 2013, 216쪽 또, 그가 매달 연재했던 자연학 에세이 100회 특집에서는 달팽이에 관한 온갖 이야기 보따리를 풀면서 달팽이에 대한 애정을 표현하기도 한다. 이런 굴드의 모습을 보면 영락없이 달팽이와 사랑에 빠진 남자다. 그의 머릿속은 온통 달팽이 생각으로 가득 찬 것만 같다.

굴드가 어떤 연구자였는지를 잘 알려 주는 일화가 있다. 어
느 날 그는 인류의 조상이 되는 과거의 영장류 화석인 호미니드
(hominid) 화석 발굴단과 함께 현장조사를 나간 적이 있다. 현장
조사단 속에서 굴드는 애써 호미니드 화석을 찾아보려 했으나 그
의 눈에 보이는 것은 오직 '비비 꼬인 달팽이'뿐이었다. 호미니드
화석을 찾으러 간 자리에서, 호미니드 화석은 보지 못하고 오직
달팽이 화석에게만 눈길이 가는 굴드. 호미니드 연구자들에게 핀
잔을 들은 굴드는 자신이 달팽이만 보게 된 이유에 대해서 멋쩍게
해명한다. 바로 현장 자연학자들이 가진 '수색 이미지' 때문이라
는 것이다.

현장 자연학자들은 '수색 이미지'라는 것을 아주 존중한다. 그
것은 관찰이 정신과 자연의 상호작용임을 보여 주는 최고 증거
다. 관찰이란 철저히 객관적이고 재현 가능한 방식으로 외부가
우리 내부에 투사되는 행위가 아니라는 것, 주의 깊고 유능한
사람이라면 누구든 동일한 방식으로 해내는 일도 아니라는 것
을 보여 준다. 한마디로 우리는 보도록 훈련된 대상만 볼 수 있
다. 대상의 종류를 바꾸어 관찰하려면 의식적으로 초점을 바꿔
야 한다. ……
나는 눈곱만큼이라도 가치가 있는 뼛조각을 하나도 발견하지
못했다. 리처드가 내 시선을 안내해 주어야만 두개골과 주변의
퇴적물 덩어리를 겨우 분간하는 형편이었다. 그러나 어쩐 일인
지 내 현장 연구대상인 달팽이만은 수월하게 눈에 들어왔다. 그

런데 이제까지 누구도 그 장소에서 달팽이를 찾지 못했다는 게 아닌가. 나는 미미하나마 내 성격에 맞는 기여를 집단적 노력에 더했다는 사실에 만족하기로 했다. 1986년 11월 13일자 『네이처』의 143쪽 우측 상단을 보면(새 두개골을 묘사한 논문이다) 현장의 동물상 목록에 달팽이가 몇 마리 포함되어 있는데, 개중 일부는 내가 나만의 수색 이미지로 찾아낸 것이다.(나는 1984년에 남아프리카공화국의 중요 호미니드 발굴지인 마카판스가트에서도 달팽이를 찾아냈다. 그곳에서도 내가 최초였다고 믿는다. 역시 뼈는 하나도 찾지 못했지만. 나는 호미니드 탐사단들 사이에 '비비 꼬인 것만 볼 줄 아는 남자'로 알려질 운명인가 보다.)굴드, 「쇠락해 가는 유인원의 제국」, 『여덟 마리 새끼 돼지』, 418~419쪽

수색 이미지란 사랑에 빠진 자의 '눈'이다. 마치 수많은 인파 속에서도 사랑하는 사람이 눈에 딱 들어오는 것과 같은 주관적이고 편파적 애정이 담긴 시선, 수색 이미지 덕분에 굴드는 주요 호미니드 발굴지에 가서도 달팽이만 보았던 것이다. 그의 머릿속엔 온통 달팽이 생각뿐이었으니.

그래서일까 언젠가 굴드는 자신이 달팽이 때문에 이성을 잃을까봐 달팽이 이야기를 되도록 자제해 왔다고 고백하기도 한다. 개인적 관심과 다른 사람들의 일반적 관심을 구분하지 못하고, 주변 사람들에게 지루한 가족비디오를 계속 보라고 요구하는 여느 부모들의 모습을 자신 역시 보이게 될까봐 걱정스러웠다는 것이다.굴드, 「작품번호 100」, 『플라밍고의 미소』, 212쪽 자식을 맹목적으로 사랑하

는 부모의 모습, 이것이 굴드가 달팽이에게 갖는 감정일지도 모르겠다. 부모들이 수많은 인파 속에서도 자기 자식의 모습은 놓치지 않듯이 어딜 가나 달팽이 화석만 발견하게 되는 굴드. 심지어 그는 여행을 가거나 화장실에 가서도 달팽이를 본다. 그러니 뉴욕에 있는 호화로운 빌딩 속 화장실의 대리석 벽면에서 수백만 개의 대합조개 화석을 발견하고, 파리 노트르담 대성당의 벽면에서 수천 개의 고둥 껍데기를 발견굴드, 「만 번의 친절」, 『여덟 마리 새끼 돼지』, 393쪽할 수밖에!

이렇게 굴드는 자신이 빠져 있는 대상에 대한 애정표현도 서슴지 않는다. 또 애정표현만큼이나 싫어하는 것도 분명하다. 언젠가 굴드가 과학에세이에서 어떤 달팽이에 대한 강한 혐오감을 표현한 적이 있었다.(그가 모든 달팽이를 다 사랑하는 것은 아니다.) 이렇게 과학자가 공개적으로 자신의 감정을 드러내도 괜찮나 하는 걱정스러운 마음이 들 정도로 말이다.

내가 개인적으로 싫어하고 두려워하는 동물들의 판테온 맨 꼭대기에는 오이글란디나(Euglandina) 달팽이가 있다. 플로리다산으로 '킬러' 달팽이나 '늑대' 달팽이라고도 불리는 녀석이다. 오이글란디나는 뛰어난 효율과 먹성으로 다른 달팽이들을 먹는다. 녀석은 다른 달팽이의 점액 흔적을 감지하여 추적함으로써, 사냥감이 간 길을 뒤따라가서 잽싸게 잡아먹는다. ……
내 편견을 용서하기 바란다. 하지만 나는 오이글란디나의 소행을 개인적으로 너무나 잘 알기 때문에 달리 도리가 없다.(생물

학자는 자신의 연구대상에 대해 상당히 감정적이 되는 법이다.) 나
는 박사논문을 포함하여 경력 초반의 적잖은 세월 동안 푀칠로
조니테스라는 놀라운 버뮤다 달팽이를 연구했다. …… 오이글
란디나는 1958년에 버뮤다제도에 도입되었다. 원래 식용으로
수입되었으나 정원을 벗어나 섬 전체로 퍼져 해충이 되어 버린
오탈라 속 달팽이를 통제하기 위해서였다. 내 생각에 오이글란
디나는 오탈라의 개체 수를 손톱만큼도 줄이지 않았을 것이다.
대신 녀석들은 고유종인 푀칠로조니테스를 끝장냈다. 예전에
는 섬 전역에서 푀칠로조니테스를 수천 마리씩 찾아볼 수 있었
으나, 내가 녀석들의 유전학을 조사하고 싶어 하는 어느 학생을
위해 개체군들의 서식지를 찾아 주려고 1973년에 다시 방문했
을 때는 살아 있는 녀석을 한 마리도 찾지 못했다.굴드, 「어느 황홀하
지 않은 저녁」, 『여덟 마리 새끼 돼지』, 47~49쪽

　　이 대목은 굴드가 파르툴라 달팽이의 멸종에 대해 이야기하
다가 '울컥'한 장면이다. 파르툴라 달팽이는 생태계의 균형을 조
절하기 위해 도입된 오이글란디나 달팽이에 의해 멸종되었는데,
굴드의 '전공 달팽이' 중 하나인 푀칠로조니테스 달팽이 역시 그
무시무시한 달팽이에 의해 멸종되었다. 그래서 굴드는 그 달팽이
에 대한 강한 적개심을 숨기지 않았던 것이다. 어떤 과학자가 공
개적인 글에서 어떤 생물에 대해 욕을 마구 퍼부었다가, 좀 지나
친 것 같았는지 자신의 편견을 용서해 달라며 사과할까.
　　이렇게 굴드는 일반적인 과학자의 모습과는 다르게 자신의

주관적인 의견이나 선호를 거침없이 이야기한다. 그는 자신이 연구하는 생명체에 대해서 그것이 좋건 싫건 거리를 두지 않았다. 이런 굴드의 모습을 처음 접한 사람이라면, 그의 모습을 보고 황당해할 수도 있을 것이다. 하지만 대상에 거리감을 두지 않는 굴드의 연구가 얼마나 근사한 것인지를 보게 되면, 그의 과학자답지 않은 모습이 얼마나 사랑스럽고 멋진 그만의 독특한 매력이 되는지 알게 될 것이다.

───────

진정한 아마추어리즘, 굴드의 새로운 연구 공식

───────

나는 연구자로서의 굴드의 모습을 보면 자꾸 '아마추어'라는 말이 떠오른다. 그래도 명색이 하버드 대학교의 교수인데, 아마추어라고 표현하는 것은 굴드에게 너무나 실례가 되는 이야기가 아닌가, 라고 생각하는 분도 계시리라. 끝까지 이야기를 들어보시라.

아마추어(amateur)는 라틴어 'amor'(사랑하다)라는 동사의 명사형, 'amator'에서 비롯되었다. 그 어원(ama-)이 말해 주듯 '어떤 일을 사랑해서 하는 사람'이다. 영어로 'lover', 애호가이다. 아마추어는 "대상을 진정으로 사랑하는"굴드, 『잎들에게 더 많은 빛을』, 『여덟 마리 새끼 돼지』, 219쪽 자다. 그것이 우표수집이건, 달팽이 연구이건 아마추어는 그 대상을 사랑하며 그것과 함께라면 언제든지 즐겁다. 이는 전문가(professional)적 연구방식과 얼마나 다른가. '프로페셔

널'하다는 것은 '정해진 시간만 일을 하는 생계형 전문가'굴드, 같은 쪽로, 일정 시간 어떤 대가를 위해 무엇을 하는 자다. 그들은 대상을 사랑한다기보다는 오직 결과를 위해 대상에 최대한 거리감을 두고 냉철하고 지성적으로 다가간다.

게다가 굴드는 자신의 아버지 얘기를 하면서, 앎에 대한 '아마추어리즘'에 무한한 존경심을 내비친 적이 있다. 인간 진화에 매료되어서 고인류학 책들을 읽으며 은퇴시절을 보냈던 굴드의 아버지, 레너드 굴드. 그는 전문적으로 공부를 했던 사람이 아니었고, 그저 인간 진화에 매료되어서 전문서든 대중서든 고인류학 책을 아주 꼼꼼히 읽는 아마추어 애독자였다.

어느 날 아버지가 찾아와서는 좌절한 기색으로 굴드에게 물었다. "보려무나. 갑 교수는 을 교수의 생각이 참으로 한심하다고 조롱하는데, 사실 을이 하는 말은 전혀 다른 말이란다. 여기 이 페이지를 보렴. 그런가 하면 을은 갑이 헛소리를 해댄다고 비난하는데, 여기를 보면 갑은 그런 말을 하지 않았어. 자. '내가' 어디를 잘못 읽은 거냐?"굴드, 「서른세번째 분열로 생겨난 인간」, 『여덟 마리 새끼 돼지』, 175-176쪽 굴드의 아버지는 전문적인 훈련을 받지 못한 자신이 전문가인 교수들의 글을 무언가 잘못 읽었다고 생각했다. 나중에 사실관계를 확인한 굴드는 아버지가 옳았다는 걸 알게 된다. 전문가들은 서로의 생각을 엉터리로 희화화해 놓고, 그걸 물어뜯고 있었다. 하지만 아버지는 그 사실을 받아들이려고 하지 않았다. '전문가가 당연히 맞겠지'라는 생각을 고수했던 것이다. 굴드는 끝내 아버지를 설득시키지 못했다.

굴드는 아버지와 같이 무엇인가에 애정을 가지고 찬찬히 성실하게 보는 '아마추어적 방식'이 최고라는 것을, 아버지와 같이 관심을 갖고 꼼꼼하게 읽는 것이 한 사람의 주장을 온전하게 파악하는 면에서 전문가적 태도보다 훨씬 뛰어나다는 점을 끝내 설득시키지 못했다. 굴드는 이렇게 아버지 레너드 굴드를 회상하면서 '애호가'들이 앎을 구성하고, 지식에 접근하는 태도와 방식에 대한 무한한 존경심을 표한다.

우리는 보통 아마추어를 전문가에 미치지 못한 자, 혹은 아직 전문가가 되지 못한 상태라고 생각한다. 아마추어를 전문가로 이어지는 발전의 회로 속에 위치시키는 것이다. 하지만 아마추어는 전문가의 기준에서 평가될 수 없다. 아마추어와 전문가, 이 둘은 대상을 다루고, 앎을 생산하는 데 있어 완전히 다른 지평, 다른 관점 속에 위치해 있기 때문이다. 전문가들이 대상에게 객관적인 태도를 취하려 한다면, 아마추어는 사랑, 연대감이라는 지평 속에서 대상과 만나고, 그 속에서 앎을 생산해 낸다. 그들은 무언가를 사랑함으로써 앎의 장 속에 들어간다. 그들에게 대상과의 거리감은 존재하지 않는다. 이것은 대상을 사랑하는 자만이 지닐 수 있는 앎을 구성하는 새롭고 독특한 방법이다. 굴드는 바로 아마추어, 애호가의 영토에 서 있다. 그 속에서 굴드는 새로운 앎의 방법론으로서의 '아마추어리즘'을 제시하고 있다.

새로운 앎의 방법론 속에서 하는 연구는 무엇이 얼마나 어떻게 다를까. 우선 어떤 생명체, 혹은 연구의 대상을 사랑하지 않았다면 볼 수 없었을 수많은 것들이 눈앞에 드러날 것이다. 우리가 누군가를 사랑하게 되면, '수색 이미지'에 의해 오로지 그 사람만 눈에 들어오거나, 평소 같으면 관심도 없었을 그 사람의 일거수일투족, 사소한 변화가 마음에 들어오기 마련이다. 이것이 과학연구라 해서 다르겠는가. 또 그런 대상들에게 얻은 세부적인 것 하나하나가, 새로 깨달은 시시콜콜한 사실들이 얼마나 소중하고 사랑스러울까. 달팽이의 세부적인 모양에서부터, 달팽이의 일거수일투족이 얼마나 사랑스러울까. 이렇게 해서 얻은 세부적인 것들은 연구자와 그 대상 사이에서 만들어지는 매우 소중한 경험이다. 그것은 어떤 대상으로부터 멀리 떨어져서 그것의 비밀을 캐내는 지성적인 조사로부터 나온 것이 아니다. 그것은 애정의 관계 속에서만 형성될 수 있는 하나의 사건 속에서 나온 것이다.

'Love'란 동사는 주어와 목적어를 바꿔도 문장의 뜻이 바뀌지 않는 특이한 동사다. 'I Love You.', 'You Love Me.' 사랑엔 주체와 객체 사이의 거리감이 존재하지 않는다. '내'가 '너'고, '너'가 '나'다. 즉 사랑이라는 관점 속에서 연구자와 연구대상은 거리를 두고 떨어져 있는 것이 아니라, 하나인 '우리'가 된다. 그리고 '우리들 사이에서 이런 일들이 벌어졌다!'고 연구결과를 말하게 되는 것이다. 그렇기에 굴드는 달팽이를 비롯해 그 밖의 다른 생명체들과 벌였던 진한 만남과 배움의 이야기들을 신나게 할 수 있는 것이다.

언제나 굴드의 연구를 보고 있으면 그 대상에 대한 사랑, 그로부터 발산되는 굴드의 활력과 즐거움이 느껴진다. 이렇게 새로운 방식으로 행해지는 연구, 대상을 사랑함으로써 앎의 장 속에

들어가는 굴드를 보고 있노라면 우리 또한 절로 즐거워진다. 이렇게 굴드는 앎을 생산하는 새로운 방법론으로서의 아마추어리즘, 새로운 방식의 연구를 열어젖혔던 것이다.

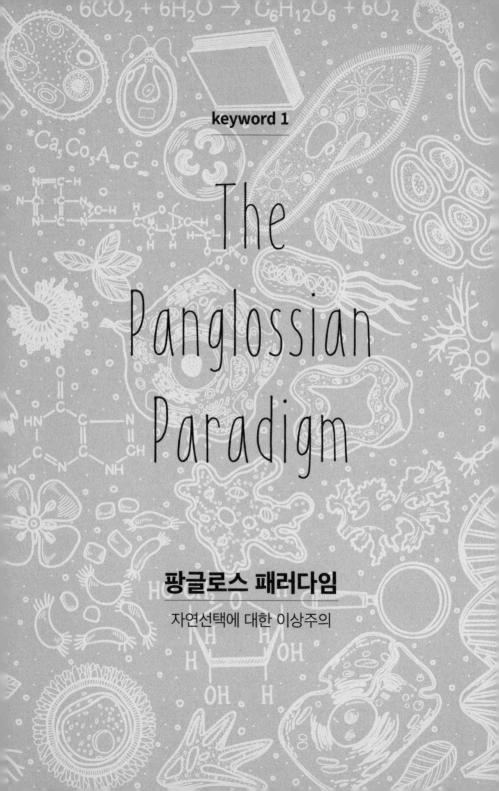

The Panglossian Paradigm

팡글로스 패러다임

자연선택에 대한 이상주의

자연선택은 생명을 완전하게 하는가?

어린 시절을 돌아보면, 누구나 동경했던 동물 하나쯤은 가지고 있을 것이다. 그 중 판다는 어린이들의 인기동물 목록에 단골로 등장하는 동물일 것이다. 희귀한 동물인 데다, 개성 있는 생김새와 몸동작은 어린 마음을 사로잡기 충분하다. 스티븐 제이 굴드 역시 어렸을 적 판다의 열렬한 팬이었고, 판다에 대한 그의 사랑은 성인이 되어서도 식지 않았다. 어른이 된 그는 자신의 우상이었던 자이언트 판다를 소재로 「판다의 엄지」라는 재미있고 통찰력 있는 에세이를 쓴다. 여기서 굴드는 진화의 과정이 그리 완벽하지 않다는 점을 판다의 여섯번째 손가락을 통해 보여 준다. 하지만 굴드는 불완전한 진화를 단순히 기술하는 것에 그치지 않는다. 생명의 어설픈 모습과 불완전한 진화를 매우 긍정적으로 제시하고 있다. 앞으로 생명의 불완전성을 긍정하는 굴드의 이야기를 몇 장에 걸쳐 차근차근 살펴보기로 하자. 우선 이 장에서는 불완전한 진화에 대해서 우리들이 어떤 이미지를 가지고 있는지, 그리고 현대 생물학은 이에 대해서 어떤 관점을 지니고 있는지 살펴보자.

굴드가 앞으로 제시할 불완전한 생명의 모습은 대부분의 사람들에게 낯설게 느껴질 것이다. 우리는 완전한 모습을 한 생명을 떠올리는 데 익숙하기 때문이다. 예를 들어, 주변 환경에 따라 위장색을 절묘하게 바꿔 내는 카멜레온의 변신 능력, 수천 킬로미터를 비행할 수 있는 훌륭한 날개를 지닌 갈매기, 빠른 속도로 바다를 힘차게 헤엄칠 수 있는 유선형의 청새치 등등. 이들은 자신이 사는 환경과 잘 조화된 신체구조를 우아하게 뽐내고 있다. 여기에서 그치지 않고, 생명의 모습을 좀더 클로즈업 한다면 우리는 생명체의 복잡하고 정교한 기관들과 마주할 수 있다. 정교한 시각을 가능하게 하는 카메라 같은 눈, 기능적으로 세분화되어 있는 포유류의 뇌, 이에 따라 수행되는 복잡한 운동 메커니즘, 그리고 정교한 면역체계 등등.

확실히 생명의 이런 모습들은 어떤 완전함을 떠올리게 한다. 특히 눈은 완전함에 관한 이러한 특징들을 잘 보여 주는 대표적인 예일 것이다. 찰스 다윈은 눈이 극도로 완벽하고 복잡한 기관 중 하나라고 말한 바가 있다. "눈은 다양한 거리의 초점을 맞추고, 다양한 빛들을 받아들이고, 색수차와 구면수차를 보정하는"굴드, 「미끼물고기를 진화시킨 조개」, 『다윈 이후』, 홍욱희·홍동선 옮김, 사이언스북스, 2009, 144쪽 매 순간의 변화에 발맞춰 정교하게 작동하는 장치다. 이렇게 작동하는 눈을 보며, 우리는 눈이 합리적이고 이상적인 설계도를 따라 만들어졌고, 어떤 결함 없이 훌륭하게 작동하게 된다고 생각한다. 이렇게 완전에 가까운 모습을 통해 우리는 신기함을 넘어 생명에 대한 경이로움과 신비감을 느끼게 된다. 한편으로 이 완벽한 설계가 기적이나 신에 의해서가 아니라 진화라는 자연과정에 의해 만들어졌다는 사실을 알고 나면, 또 한번 놀라게 된다.

그래서일까. 여러 경로들을 통해 완벽한 모습을 한 생명들을 자주 접해서인지, 우리는 생명이나 진화라는 단어를 들으면 자동적으로 완벽에 가까운 생명의 모습을 떠올리게 되는 것이다. 게다가 진화의 과정 역시도 생명은 완전하다는 이미지를 부추긴다. 우리는 교과서를 통해 진화는 자연선택의 과정이며, 이 과정을 통해 현재 우리가 마주하게 되는 감탄스러운 생물들이 탄생했다고 배웠다. 우리가 배운 바에 의하면, 자연선택은 자연의 시험대로서, 생명체들이 생존에 적합한지 아닌지를 가린다. 그 속에서 생존에 적합한 생명체는 살아남고, 그렇지 못한 생명체는 소멸한다. 생명체들은 자연의 시험대를 통과하기 위해 필사적으로 분투하며 살아가며, 그 오랜 과정 속에서 생존에 좀더 적합한 모습으로 변모해 가는데, 그 과정을 적응(adaptation)이라 한다.

진화가 조금씩 완벽에 가까운 생명체들로 나아가는 과정이라고 느끼는 것은 매우 자연스러워 보인다. 그들은 오랜 세월 자연의 시험대를 거치면서, 생존에 '좋은' 형질을 남기고 생존에 '나쁜' 형질들을 제거하면서 완전한 설계를 다듬어 왔기 때문이다. 단적으로 눈의 진화과정은 우리의 이미지에 부합하는 자연선택에 의한 진화의 모습을 잘 보여 준다.

처음에 눈은 단지 빛을 감지할 수 있는 매우 단순한 형태의 세포였다. 이 광수용세포의 모습은 지금의 정교하고 복잡한 눈과는 비교도 할 수 없을 정도로 단순했다. 하지만 빛을 감지하는 세포를 지닌 생물은 천적들을 피하는 데 유리했고 이들은 자연의 시험대를 통과해 나가며, 종족 내에서 자신들의 빈도수를 늘려 나가기 시작한다. 천적들의 그림자를 식별할 수 있고, 이를 통해 재빠른 반응을 보일 수 있었기 때문이다. 그 이후 광수용세포를 지닌 자손들 중에 움푹 파인 위치에 광수용체를 가지고 있는 자손이 태어나게 된다. 그 위치에 놓인 광수용체는 빛을 사방에서 감지할 수 있었으며, 이전 조상들의 것보다 좀더 나은 구조였다. 생존에 유리한 이 구조 역시 자연의 시험대를 통과해 나갔다.

반면 이러한 원시적인 눈조차 갖지 못한 생물들은 생존투쟁에서 밀려 점차 사라져 갔다. 세월이 계속 흘러, 카메라 렌즈 같은 수정체가, 수정체의 크기를 조절할 수 있는 근육이, 빛의 세기를 조절할 수 있는 근육이 생기게 되고, 점차 눈은 그 설계가 보완·발전되어 갔다. 이런 방식으로 아주 오랜 세월 동안 생존에 유리한 변화들이 쌓이고 쌓여서 현재의 훌륭한 눈이 탄생한 것이다. 오랜 세월 쉴 새 없이 작동한 자연선택의 손길이 생명체의 기관들을 정교하고 훌륭하게 다듬어 왔다. 이렇게 개량과 보완의 과정이 자연선택에 의한 진화의 과정이라면, 진화는 불완전함보다는 완벽에 가까운 생명체들을 산출할 수밖에 없을 것이다.

***

진화에서 불완전함이 생기는 이유를 찾아라

***

우리가 진화를 완전한 생명을 만드는 과정이라고 바라본다면, 이에 대해 현대 생물학은 우리의 시각이 잘못되었다며 이를 바로잡아 주려고 할 것이다. 현대 생물학은 우리에게 '진화는 불완전하며, 완전한 진화란 불가능하다'고 말할 것이다. '좋은' 것은 남고, '나쁜' 것은 제거되는 자연선택의 과정이 원칙적으로 적용된다면,

진화를 통해 생명은 점점 완벽해져야 할 것 같다. 그런데 현대 생물학은 왜 진화는 불완전하다고 말하는 것일까? 그것은 불완전한 진화의 모습을 어떻게 그려 내고 있을까?

현대 생물학도 처음에는 불완전한 진화에 대해서 의문을 품었나 보다. 그들은 여러 연구를 통해 진화를 불완전하게 만드는 여러 원인들을 찾아냈다. 그 원인들이란 자연선택의 완벽한 과정을 방해하는 여러 가지 장애물들에 해당할 것이다. 그 중에서 가장 대표적인 것이 바로 역사적 제약이다.

역사적 제약은 조상들로부터 물려받은 것들 때문에 후손들이 갖는 진화상의 제약을 말한다. 조상세대는 후손들에게 자신과 비슷한 신체구조, 그리고 여러 가지 생활사를 물려준다. 후손들은 조상들과 비슷한 생김새를 물려받으며, 또한 수정란에서 유아, 그리고 성년이 되는 성장과정 역시 물려받을 것이다. 그래서 예외가 없는 한 조상들이 성장했던 과정 그대로를 후손 역시 거친다. 이렇게 대물림되는 것들은 조상세대들이 오랜 세월 환경에 적응하면서 이뤄 낸 결과물들이다.

하지만 자연환경은 수시로 변하여 조상이 살았던 환경과 후손들이 살게 될 환경이 똑같으리란 보장을 할 수 없다. 대개 조상들이 살던 환경과 후손들이 살게 될 환경은 다르기 마련인데, 결국 후손들은 자신들이 살고 있는 환경적 맥락과는 아무런 관련 없는 신체를 대물림 받게 되는 셈이다. 그렇다고 해서 조상들로부터 물려받은 것들을 하루아침에 바꿀 수는 없는 일이다. "물려받은 설계의 한계 내에서 미래의 가능성을 펼쳐 나갈 수밖에 없다."굴드,

「구부러진 꼬리뼈」, 『여덟 마리 새끼 돼지』, 130쪽 "역사는 돌이킬 수 없다."같은 곳

하여 역사적 존재가 필연적으로 짊어져야 하는 조상들의 과거를 역사적 제약(historical constraint) 혹은 계통적 제약(phylogenetic constraint)이라 부른다. 그러니 현대 생물학에서 역사적 제약은 자유로운 진화의 길을 가로막는 방해물과 같은 존재다.

예를 들면, 앞서 완벽해 보였던 포유류의 눈은 좀더 면밀하게 살펴보면 완전한 설계와는 거리가 먼 비합리적이고 흠이 많은 설계를 지녔다. 눈 속에 들어온 빛은 곧장 광수용세포로 가는 것이 아니라, 투명한 액체 부분과 여러 층의 뉴런과 모세혈관 숲을 통과해야만 광수용세포가 있는 망막에 도달할 수 있다. 그런 과정에서 빛은 매우 약화될 수밖에 없다. 또 맹점이라는 구조상의 문제도 존재한다. 빛을 감지하는 세포는 시각신호를 뇌로 전달해야 하는데, 그 시각신경 다발이 지나가는 자리에는 시각신경이 존재하지 않는다. 때문에 이 부분으로는 볼 수가 없다. 이를 맹점이라 한다. 빛을 감지하는 것을 가장 주된 임무로 하는 눈 속에 빛의 전달을 방해하고 약화시키는 뉴런과 모세혈관의 정글숲이 있으며, 심지어는 빛을 감지할 수 없는 부분이 존재한다는 것은 커다란 아이러니가 아닐 수 없다. 이렇게 비합리적으로 보이는 구조를 지닌 눈이 바로 우리 포유류의 눈인 것이다.

포유류의 눈 구조는 효율성의 측면에서 보자면 무척추동물인 오징어의 눈에 비해 다소 떨어진다. 오징어의 광수용세포는 빛을 받는 부분 뒤에 뉴런과 혈관이 붙어 있어, 빛이 뉴런과 모세혈관의 정글을 통과하지 않아도 된다. 뉴런과 모세혈관이 빛과 대면

하는 부분에 붙어 있는 우리 눈의 구조는 오징어의 눈과는 반대다. 이를 역망막 구조라 한다.

왜 포유류는 시각신경과 모세혈관이 빛을 감지하는 세포 뒷부분과 연결되도록 진화하지 못했을까? 그렇게 되었더라면, 광수용체로 이루어진 망막 표면에 구멍을 뚫을 필요도 없었을 것이다. 그 이유에 대해 생물학자들은 조상들로부터 물려받은 역사성을 꼽는다. 눈에 존재하는 구조상의 결함은 눈을 형성하는 포유류의 발생학적 과정에서 비롯된다는 것이다. 그 발생과정은 지금껏 역망막 구조를 만들어 왔다. 때문에 물려받은 역망막의 구조하에서 눈을 진화시킬 수밖에 없었다. 신경들과 혈관들을 다발로 정리하여 망막에 구멍을 뚫어 뇌로 향하게 할 수밖에 없었던 것이다. 이런 연유로 구조적 결함이 없는 완전한 눈이 진화하는 것은 불가능했다는 것이다.

완전함에 대한 미련

현대 진화이론은 완벽한 줄로만 알았던 눈과 같은 기관이 이처럼 불완전하다고 말하면서, 완벽한 진화란 없으며 완전한 생명은 존재할 수 없다고 말한다. 하지만 그럼에도 완벽하지 못한 진화의 과정과 불완전한 생명을 기꺼이 받아들이지 못한다. 현대 생물학이 불완전함에 대해 질문하고 설명하는 방식은 이를 아주 잘 보여

준다. 그들은 이렇게 질문한다. "왜 자연선택은 완벽한 생물들을 만들 수 없는가?"닐 캠벨 외, 『생명과학』 8판, 전상학 옮김, 바이오사이언스, 2008, 488 쪽 그들은 언제나 원리상 자연선택에 의한 진화가 완전할 수 있음을 가정한다. 그들에 의하면 자연선택은 좋은 것은 축적하고, 나쁜 것은 제거하는 힘이기에, 그런 힘에 의해 생물들이 완전한 설계에 점점 근접해 간다. 하지만 원리상으로 그렇지만, 고려해야 할 현실이 있다. 머릿속의 원리를 막상 자연에 적용하게 되면, 여러 가지 실제적인 요인 때문에 그 원리는 현실 속에서 생각대로 작동하지 않는다. 바로 역사적 제약을 비롯한 여러 가지 요인들이 순수한 자연선택의 과정을 가로막는 것이다. 이러한 현실적인 요인들 때문에 그들이 생각하는 진화는 '어쩔 수 없이' 불완전하게 된다. 자연선택에 의해서라면 완벽했을 생명이 현실에 가로막혀 불완전해지는 것이다.

바로 이렇게 현대의 생물학은 진화의 불완전성을 말하고는 있지만, 그 마음 한켠에 여전히 자연선택이 만드는 완전한 생명에 대한 이상과 열망을 품고 있다. 그리하여 자연선택에 의한 진화는 완전한 설계를 산출해야 함에도 왜 그렇게 하지 못하고 있는가를 끊임없이 물으며 완전함을 제약하는 현실적인 요인들을 찾아내려 하고 있다. 애초에 생명에 존재하는 불완전함을 납득할 수 없었기에, 불완전함을 만든 원인들을 찾고 있는 것이다.

완전함을 꿈꾸는 이상주의적인 사고방식 속에서라면 조상들로부터 물려받은 역사적 유산이 부정적인 의미를 지닌 '역사적 제약'(constraint)이 되는 것은 당연하다. 조상들로부터 물려받은 신체적·유전적 유산들을 '제약'(constraint)이라는 말로 표현하지 않고, 이를 역사적 유산, 계통적 대물림이라 표현할 수도 있었을 것이다. 하지만 이것이 '제약'인 이유는 그것이 완전함이라는 이상을 가로막았기 때문이다. 현대 생물학은 완전한 생명, 완전한 자연선택이라는 이상 속에서 가장 현실적이고 실제적인 조건들을 외면하고 있다. 현대 생물학은 가장 현실적이고 실제적인 것이 위치해야 할 자리에 가장 추상적이고 비현실적인 완전함이라는 이상을 놓고 있다. 현실과 비현실이 전도된 것이다. 그리하여 현실은 완전함을 불가능하게 하는 불순한 곳이 된다. 현실은 원리상의 완전함을 가로막는 제약들, 장애물들만 넘쳐나는 세계였기 때문이다.

팡글로스주의, 완전한 진화에 대한 이상

스티븐 제이 굴드는 완전한 진화와 완전한 설계를 지닌 생명을 전제하고 있는 현대 생물학을 팡글로스 식의 사고방식, 즉 '팡글로스 패러다임'이라고 풍자했다. 굴드는 그의 동료 르원틴과 함께 「산마르코 성당의 스팬드럴과 팡글로스 패러다임 : 적응주의 프로그램에 대한 비판」이라는 기념비적인 논문을 쓴 바 있다. 거기에서 굴드는 완전함을 꿈꾸는 이상주의자들을 팡글로스라는 인물에 비유했다. 볼테르의 소설 『캉디드』에 등장하는 팡글로스 박사는 매우 희화화된 인물이다. 그는 지나친 낙관주의자이자 이상주의자이다. 그는 이 세계의 모든 것은 최선이며 완전하다는 이상을 지녔다. 왜냐하면 완전한 신이 이 세상을 만들었기 때문이다. 완전한 신이 만든 세상의 모든 것은 제각각 최선의 목적을 갖지 않을 리 없다. 그래서 그는 심지어 이렇게 믿는다. "우리의 코는 안경을 쓰기 위해 만들어졌다. 그래서 안경을 쓴다. 다리는 구두를 신기 위해 만들어졌다. 그래서 구두를 신는 것이다."굴드, 「자연선택과 인간의 뇌: 다윈 대 월리스」, 『판다의 엄지』, 김동광 옮김, 사이언스북스, 2016, 75쪽라고.

　'팡글로스 패러다임'이라는 말은 분명 겨냥하는 바가 있었다. 그들의 논문 제목에서도 드러나듯이 그것은 적응주의를 조준했다. 적응주의는 현재 생명이 갖고 있는 기관 대부분이 적응의 산물이라고 보는 현대 진화생물학의 주류 관점이다. 정도의 차이는 있겠지만, 적응주의는 자연선택에 의한 적응을 생명의 진화를 설명하는 데 있어 가장 중요한 핵심으로 둔다. 자연선택의 힘을 매우 중시하는 것이다. 적응주의적 시각은 일견 타당해 보이지만, 그 논리를 면밀히 살펴보게 되면 매우 우스꽝스러운 일이 벌어진다. 굴드에 의하면 적응주의는 팡글로스 박사의 시각과 매우 유사하다.

　그것은 적응주의자들이 자연선택을 과도하게 맹신하고 있기 때문이다. 굴드가 보기에 팡글로스 박사에게 신이 있다면, 적응주의자들에게는 자연선택이 있는 셈이 된다. 그들은 자연선택에 의한 적응의 과정이 원리상 완전한 생명을 만들어 낼 것이라고 믿는다. 자연선택에 관한 한 그들은 이상주의자며 낙관주의자들이다.

이들에게 생명은 완전하게 만들어진 것이니, 그것을 이루는 각각의 부분들과 신체기관들 중 쓸데없이 만들어진 것은 하나도 없을 것이다. 제각각 존재가치, 기능들이 존재할 것이다. 그들이 생명체의 형질이나 특정 기관에 대해서 언제나 "그것은 어떤 유용성, 어떤 쓸모가 있는가?"라고 질문해 왔던 이유는 여기에 있었다. 바로 자연선택에 대한 지나친 신봉 때문이다. 생존에 유리한 이점 때문에 그 기관은 자연선택의 시험대를 통과했을 거라고 생각하는 것이다.

하지만 어떤 생물이 현재 지니고 있는 기관을 만든 역사적 경로는 매우 다양하다. 꼭 어떤 쓸모나 유용성 덕택에 지금까지 그 기관을 유지해 온 것이 아닐 수도 있는 것이다. 과도한 적응과정에 대한 숭배는 모든 것에 목적과 의미를 부여하려는 팡글로스 박사의 이상한 논리(안경을 위한 코, 구두를 위한 다리처럼)로까지 이어지는 것이다.

굴드는 적응주의가 생명의 진화를 제대로 바라보지 못하게 가로막고 있다고 말한다. 게다가 이뿐만이 아니다. 굴드가 보기에 이런 식의 이상주의는 진화론 이전의 먼 과거로 돌아가는 것과 다름없다.굴드, 앞의 글, 65-66쪽 참조 생명의 완전함을 꿈꾸고, 자연선택을 이렇게 무한 숭배하는 것은 자연선택의 힘을 신의 자리에 올리는 것이며, 이는 신을 믿는 팡글로스 박사의 신학적 입장과 다를 바 없다. 신학적 입장은 거창한 무엇이 아니다. 현실을 보지 않으려 외면하고, 이 세계 외부의 초월적인 것, 저 멀리 있는 순수한 세계가 실제 현실을 작동한다고 믿는 것, 그러한 이상주의야말로 신학적 입장에 속한다. 불완전함을 불완전함으로 받아들이는 것이 아니라, 완전함이라는 이상 속에서 현실을 타락하고 불순한 곳으로, 이상을 현실로 받아들이려 하는 것은 신학과 다를 바가 없는 것이다. 굴드는 적응주의자들에게 그들이 지닌 이상주의 밑에 깔려 있는 민낯을 보여 주고 있다. 있는 그대로의 현실이 아니라, 생명이 살아 숨 쉬는 가장 생생한 대지적인 장을 무시하고, 추상적이고 비현실적인 법칙을 현실의 자리에 놓는다면, 이것이야말로 가장 신학적인 것이며, 팡글로스 박사와 같은 것이 될 것이라고 굴드는 말하고 있는 듯하다.

또 이러한 굴드의 비판은 단순히 생물학계에만 해당하는 이야기가 아닐 것이다. 굴드의 비판은 우리의 삶을 돌아보게 한다. 팡글로스 식의 사고방식, 이는 우리가 너무 쉽게 빠지는 생각의 회로다. 현실 그 자체에 발붙이고, 그로부터 시작하는 삶을 사는 것이 아니라, 언제나 현실에 불만을 갖고 이로부터 벗어나는 삶을 꿈꾼다. 그리고 이를 자유로운 삶이라 생각한다. 예를 들면 '회사에 안 간다면', '돈이 많다면', '이 모습 이 꼴로 태어나지 않았다면'과 같은 가정들을 하면서 말이다. 이런 가정들은 생물학으로 말하면 역사적 제약을 비롯한 여러 현실적인 조건을 부정하는 일일 뿐이다. 굴드는 생물학을 통해 우리의 일상 속에 존재하는 허황되고 나이브한 이상주의에 질문을 던지고 있다.

진화와 자연선택 : 새로운 종의 탄생과 그 메커니즘

지구상에는 다양한 생명체들이 산다. 향기를 내뿜는 형형색색의 꽃들, 하늘 위를 날아다니는 날짐승들, 물 속을 헤엄치는 물고기들, 땅 속에 사는 수많은 벌레들 등등 이루 말할 수 없다. 이 다양한 형태의 생명들은 자연 속에서 각자의 방식으로 가열차게 산다. 살아 숨 쉬는 생명들이 우글거리는 현장을 보면 경이로움이 느껴지며, 이들이 모두 어디서 왔는지 궁금해진다. 이들은 어떻게 이토록 다양할 수 있는가?

이 질문은 인간이 수천 년 동안 던져 온 질문이었고, 19세기의 자연학자 찰스 다윈(1809~1882) 역시 이를 고민했다. 1831년 12월, 22세의 찰스 다윈은 영국 해군의 측량선 비글호에 승선했다. 항해는 무려 5년 동안(1831~1836) 세계 각지에서 계속되었고, 다윈은 갈라파고스 군도를 비롯한 남아메리카 주변의 수많은 섬들을 탐사했다. 생각지도 못한, 혹은 상상으로만 그려 보던 낯선 세계에 다윈은 놀라고 감탄했다. 가는 곳마다 다윈이 생전 처음 보는 신기한 꽃과 나무, 들짐승과 날짐승이 가득했다. 긴 항해를 마치고 영국으로 돌아온 다윈의 손에는 세계 각지에서 채집한 동식물 표본과 자기 분신과도 같은 두꺼운 관찰노트 몇 권이 들려 있었다. 다윈은 이 자료들을 정리하면서 고심하고 또 고심했다. 그러던 중 어느 순간에 그는 어떤 직감을 갖는다. 자연은 무수한 변이들로 넘쳐나는 장이며, 이곳에서 새로운 종이 탄생한다는 것. 『종의 기원』(1859)이란 책을 쓰게 한 아이디어가 구상되는 순간이다.

『종의 기원』을 통해 다윈은 종의 탄생에 대해 이야기한다. 종들은 어떻게 기원했는가? 그것은 바로 '변이를 수반한 유전'(descent with modification)에 의해서다. 대물림, 유전은 반드시 변이를 수반한다는 것. 이렇게 변이를 생산해 낸 생물들은 신종을 만들어 낸다. 오랜 시간에 걸쳐서 부모로부터 차츰차츰 변하며 결국 새로운 종으로 분기하게 되는 것이다. 변이들이 쌓여서 조상들의 모습과는 완전히 달라지는 순간이 바로 새로운 종이 기원하는 순간이다. 이것이 다윈이 말하는 진화(evolution)다.

하지만 다윈은 우리가 지금 익숙하게 쓰고 있는 진화(evolution)란 단어를 사용하기를 꺼렸다. 다윈이 살던 시대에 'evolution'이란 단어는 수정란 속에 존재하는 완전한 설계도가 펼쳐져 구현된다는 뜻으로 사용되었기 때문이다. 다윈은 언제나 변이들이 수반된 채로 진행되는 것이 진화라고 보았다. 때문에 이미 완성된 설계가 아무런 변이도 없이 단순히 펼쳐진다는 뜻을 지닌 'evolution'이란 단어는 다윈이 생각한 진화의 모습을 그려 내기에는 적절치 않았던 것이다.

오랜 시간을 통해 조상들로부터 다양한 자손들이 생겨나는 것, 이것이 진화라면 이 진화의 과정은 어떻게 진행되는 것일까? 이에 대해 다윈이 제시한 것은 '자연선택설'이었다.

자연선택설의 기본적인 공식은 너무나 간단한 논증으로, 세 가지 부정할 수 없는 사실들(자손들의 과잉 출산, 변이, 유전성)과 하나의 삼단 논법(자연선택 혹은 생식적 성공을 누리는 생물들이 평균적으로, 자신이 직면한 변화하는 환경에 더 잘 적응하는 변이체들일 것이며, 따라서 이러한 변이체들은 유전에 의해서 그들의 자손들에게 자신의 유리한 특징을 전달할 것이다)에 근거한다.Gould, *The Structure of*

Evolutionary Theory, Belknap Press, 2002, p.13

자연선택설의 기본 공식은 당연하지만 매우 놀라운 세 가지 사실들과 하나의 추론에 근거한다. 첫째, 자연선택설의 기본 공식은 모든 생명체 중에 같은 생명체는 하나도 없다, 즉 생명체는 모두 다르다는 점으로부터 시작된다. 이러한 차이를 변이라 한다. 변이란 생명체들에 존재하는 작은 차이, 형태와 생김새의 차이, 생리학적 차이, 행동적 차이를 말한다. 이렇게 생명들 사이에 존재하는 변이로부터 진화는 첫 발걸음을 떼는 것이다. 그런데 원래 변이들로 가득 차 있는 차이 넘치는 세계에서 생명은 멈추지 않고 변이들을 생산한다. 언제나 생물은 자신과 다른 새끼를 낳는다. 이렇게 변이는 쉴 새 없이 생물들의 일상적인 생식 속에서 생겨난다. 생명이 끊임없이 변이를 만들고 있다는 점은 정말 놀라운 사실이다. 이미 자신의 세대에서 검증된 형태가 아니라, 그와는 다른 자손을 낳는다는 것은 굉장한 모험일 것이다.

이렇게 무한히 생겨나는 변이들은 부모에서 새끼들로 전해진다. 이것이 생명이 보여 주는 두번째 모습, 바로 '유전성'이다. 유전성 덕택에 부모의 몇몇 특성들이 새끼들에게 전달되고, 그 새끼가 또 새끼를 낳고, 그 새끼가 또 새끼를 낳는 과정 속에서도 그러한 변이는 일부 보존되어 연속성을 지닌다. 변이를 보존하는 대물림의 과정 속에 세대 간에 일반적으로 생산되는 변이들까지 추가되면서, 생명은 무수한 변이들 속에서 존재하게 된다. 이제 세번째 모습에 다다르면 무수한 변이는 절정에 달한다.

셋째, 생물들은 과하다 싶을 정도로 많은 자손들을 낳는다. 과잉번식. 식물은 무수한 꽃가루를 만들어 뿌리고, 물고기들은 수백만 개의 알을 낳고, 상수리나무는 수만 개의 도토리를 만든다. 낭비처럼 보일지 모르지만 생명의 세계는 잉여들로 흘러넘친다. 수많은 자손들이 태어난다면, 이에 필연적으로 수반되는 변이 또한 배가 된다. 잉여로 가득 찬 자연 속에서 변이 역시 흘러넘친다. 이렇게 자연은 무수한 변이와 차이들로 흘러넘치는 역동적인 장이다.

여기에 작은 변이들을 재료로 하여 그것들을 뚜렷한 특징으로 바꿔내는 어떤 힘이 존재한다. 바로 자연선택(natural selection)이다. 모든 생명은 자연선택이라는 자연의 시험대를 거친다. 그 시험은 생명체들이 생존에 적합한지 아닌지를 가린다. 이 과정은 생명의 역사 속에서 중단된 적이 거의 없었고, 이를 어떤 생물도 피해갈 수 없었다. 자연선택의 시험대 속에서 생존에 적합한 생명체는 살아남고, 그렇지 못한 생명체는 소멸했다. 여기서 생존에 적합하다는 말은 생명체가 처한 환경에 적합한 특징을 가졌는지 여부다. 하지만 그렇다고 환경에 완전히 부합하는 특징을 지닌 생물만이 살아남는 것은 아니다. 최적의 조건을 가진 1등만 살아남는 최적자생존(survival of the fittest)이 아니다. 적응의 층위도 여러 가지가 존재할 것이며, 그것은 개체에 따라 상대적일 것이다.

생물들은 자연의 시험대를 통과하기 위해 필사적으로 분투(struggle for strive)한다. 때로는 생존경쟁하기도 하고, 때로는 서로 돕기도 하고, 때로는 자신의 많은 자원을 다른 생물들에게 선물하기도 하면서, 살아남기 위해 그리고 자손들을 남기기 위해 가열차게 노력한다. 생존을 위한 분투 속에서 생존에 적합한 생물들이 선택된다. 물론 자연선택의 과정에 시험을 주관하고 선택을 행하는 누군가가 존재하는 것은 아니다. 자연스럽게 생존에 적합한 생물들이 살아남고 선택되는 것이다. 이 자연스러운 선택은 어떻게 진행될까?

부모가 낳은 수많은 자손들이 존재한다(과잉생산). 이들 중 자신이 사는 환경에 적합하게 변이한 친구들이 있었는데(변이), 이들은 자연의 시험대, 즉 자연선택의 과정을 통과해 나갈 수 있다. 그렇게 변이한 생물은 그 유리한 특징을 자손에게 물려주면서(유전), 종족 내에서 자신들의 빈도수를 늘려 나간다. 이렇게 오랜 세월 동안 수십, 수백 세대를 걸치면서 원래의 종 집단과는 뚜렷한 차이를 지니는 새로운 집단, 새로운 종이 탄생한다.

이렇게 생물들이 자연의 시험대를 통과해 가면서 생존에 적합한 모습으로 변모해 가는 과정을 적응(adaption)이라고 한다. 자연선택에 의한 생물의 적응. 이러한 과정을 통해 작은 변이들과는 뚜렷하게 구분되는 특징들이 생겨나는 것이다. 새로운 생물 종이 탄생되는 순간이다. 새로운 종의 탄생은 변이로 넘쳐나는 생물들의 세계를 배경으로 하여, 그들이 끊임없이 변이하는 가운데, 변이라는 재료와 자연선택이라는 시험대가 오랜 시간 동안 빚어낸 결과물인 것이다.

이 모습은 마치 나무의 가지들이 뻗어 나가는 모습과 같다. 여러 개의 줄기로부터 가지들이 이곳저곳 뻗어 나가며, 또 거기서도 수많은 가지들이 뻗어 나가는 모습이다. 가지를 쳐 나가는 나무의 모습——이것이 다윈이 제시한 '생명의 나무'이며, 생명은 이렇게 진화해 나간다. 다윈이 본 진화는 다양한 생명체들이 생성되고 분기되는 역사적 과정이었다. 그래서 수억 년의 시간이 지난 지금 이토록 수많은 종류의 생명체들이 지구에 우글대며 살고 있는 것이었다. 하지만 진화는 멈추지 않는다. 새로운 변이들은 여전히 생산되고 있으며 새로운 종들 역시 계속 생겨나고 있다. 진화는 변이에서 시작하여 변이로 끝나는 과정이며, 그 과정은 절대 그치지 않는다. 진화는 언제나 현재진행형이다.

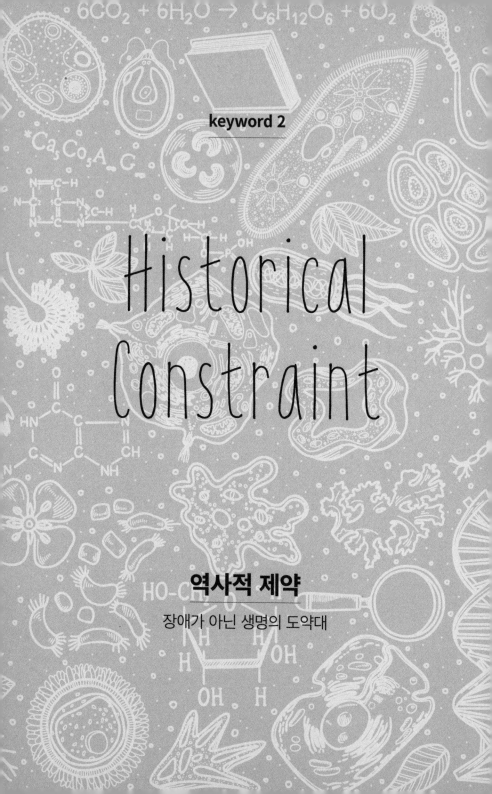

Historical Constraint

역사적 제약

장애가 아닌 생명의 도약대

제약 없음의 허구성, 조건은 장애가 아니다

앞장에서 굴드는 완전함에 대한 이상주의에 사로잡혀 역사적 제약을 긍정하지 못하는 생물학자들을 팡글로스 박사로 풍자했다. 그 이상 속에서 그들은 역사적 제약을 아예 무시하거나 완벽한 진화를 방해하는 장애물로 취급한다. 하지만 굴드에게 역사적 제약은 엄연한 현실이자 생명의 존재조건이었다.

모든 생명은 시간의 흐름 속에 존재한다. 그 시간의 흐름 속에서 생명은 죽고, 태어나기를 반복한다. 흘러가는 시간 속에서 생명은 끊임없이 자손을 낳고, 그 자손들에게 자신의 유산들을 대물림한다. 대물림을 통해 긴 세월 동안 유한한 생명은 연속성을 확보한다. 대물림 속에서 현재를 살아가는 생명은 필연적으로 과거의 유산을 받는다. 그것은 조상들의 신체이며, 그 신체에는 조상들이 살아왔던 삶의 양식들, 신체 설계들, 개체발생경로, 유전자 설계 등이 새겨져 있다. 생명은 역사적 시간 속에서 이러한 조상들의 시간, 과거의 시간들을 안고 살아가는 것이다. 역사적 대물림이 없었다면, 지금 현재 살아 숨 쉬는 생명들은 존재하지 않았을 것이다.

우리는 너무나 쉽게 그 어떤 제약이 없는 상태를 상상하고 꿈꾼다. 이러한 이상주의적인 사고패턴은 현실을 언제나 부정적인 것으로 보도록 한다. 그런 시선 속에서 역사적 대물림은 일종의 제약이, 후손들이 짊어져야 할 삶의 짐, 혹은 장애물이나 한계가 된다. 하지만 무제약의 상태, 역사적 제약이 없기를 바라는 것은 헛된 공상 혹은 망상에 불과하다.

한 가지 예를 들어보자. 자신은 물에서만 살 수 있기 때문에, 물에 속박되었고 이러한 제약으로부터 벗어나기를 소망하는 물고기가 있다고 하자. 이 물고기의 하소연을 누군가 듣는다면, 그는 아마 황당한 감정을 금치 못할 것이다. 이 물고기는 현실성이 하나도 없는 공상적 얘기를 지어 내고 있기 때문이다. 물고기에게 물은 그를 옭아매는 제약이자 자유를 제한하는 족쇄가 아니다. 그것은 물고기를 물고기이도록 만든, 물고기를 존재하게 만든 존재의 기반이다. 물은 그들의 먼 옛 조상 때부터 그들이 살아온 생활터전이다. 오랜 조상 때부터 알을 낳기도 하고, 먹이를 잡기도 하고, 아가미를 이용해 산소를 모을 수 있었던 장소가 바로 물이다. 물은 물고기의 삶과 역사를 만들어 온 존재의 바탕이다. 물이 없었다면, 물고기는 존재하지 않았을 것이다. 이런 상황에서 물고기가 물이 자신의 제약조건이라고 말하는 것은 어불성설이다.

물고기는 조상들이 물려준 생활터전인 물 속을 따분하고, 자신의 자유를 억압하는 장소라 여길지 모르겠다. 하지만 물고기는 그러한 생활 속에서만 오직 자유로울 수 있다. 족쇄처럼 느껴지는 수중생활을 청산하고 더 넓은 세상으로 나아가 자유를 찾고자하는 물고기가 있다면, 그는 필히 비극적인 최후를 맞이할 것이다. 무한한 자유를 얻어 이를 만끽하기는커녕 물 밖에서 부자유스러움을 느끼며 죽어갈 것이다. 뒤늦게 깨달아도 소용없다. '자유는 오직 물 속에 살 때에만 비로소 누릴 수 있었다고. 물이라는 조건은 나에게 장애물이 아니었다고.' 제약이 없는 완벽한 자유란 존재하지 않는다. 우리는 일정하게 제한된 범위와 경계 내에서 살아갈 뿐이다. 그런 조건 속에서 모든 생명은 살아가며 그 안에서 자유로움을 찾을 수 있다. 이를 벗어난 다른 어떤 곳에서도 자유를 얻을 수 없다.

조상들로부터 물려받은 역사적 유산도 마찬가지이다. 우리는 조상들로부터 물려받은 신체적·유전적 설계, 개체발생 과정 없이 존재할 수 있을까. 조상들이 수천 세대에 걸쳐 몸에 새겨 놓은 집단적인 삶의 기록 없이 살아갈 수 있을까. 우리 모두는 역사적 유산 덕택에 살아갈 수 있었다. 이는 우리 존재를 가능하게 했다. 우리는 여기서부터 시작해야만 하고, 시작할 수 있다. 역사적 제약은 우리 존재의 주춧돌이자 존재의 터전이다. 이것은 생명을 생명답게 하는, 생명을 생명으로서 만드는 존재기반인 것이다. 때문에 역사적 존재이기에 갖는 운신과 변형의 범위, 이것은 앞날을 옭아매는 장애물이 아니다. 그 범위 속에서 모든 생명은 살아왔고 그곳에서 수많은 자유로움의 향연을 벌여왔다. 생명은 그 어떤 외부로부터 자유를 찾지 않았다.

생명의 불완전함을 만드는 매우 부정적인 요소로서 역사적 제약을 보는 것은 바로 물 밖으로 나가려는 물고기와 같다. 그들은 반드시 필요한 생존조건을 성가신 족쇄로 보는 비현실주의자이다. 우리가 날개를 가질 수 없다고 우리 조상을 원망하고, 또 새처럼 날 수 없다고 중력을 원망하고, 공기의 압력 때문에 답답하다고 대기압을 원망하겠는가. 그것들은 생명을 생명으로서 살아가게 하는 삶의 기반이다. 우리는 새처럼 날 수 없기 때문에 인간일 수 있고, 마음껏 걸어다니며 인간으로서의 자유를 구가할 수 있다.

판다의 엄지—제약에 제약되지 않는 생명

이제 생명들이 역사적 제약이라는 그들의 존재기반을 가지고 어떻게 살아가는지 살펴보자. 그들의 진화모습은 무제약을 꿈꾸지도, 완전함을 꿈꾸지도 않는다. 그 속에서 역사적 제약은 부정적인 장애나 한계가 되지 않는다. 그들은 역사적 제약 덕분에 살아갈 수 있었다. 그들은 역사적 제약에 '제약'되지 않았다. 굴드는 앞서 잠깐 얘기했던 '판다의 엄지'를 통해 생물들이 역사적 제약을 제약으로 여기며 살고 있지 않음을, 이것에 전혀 자신을 한계 지우며 속박되어 살고 있지 않음을 보여 줄 것이다.

판다는 땅바닥에 주저앉아 하루 10~12시간가량을 대나무순을 씹어 먹는 데 보낸다. 상반신을 세우고 앉아서 앞발을 이용해 능숙하게 대나무 잎을 뜯어낸 뒤 새순을 먹는 판다의 모습이 신기해 보인다. 그런데 판다의 손을 클로즈업해 보면 더 신기한 게 나온다. 그것은 판다의 손에 손가락 하나가 더 달려 있다는 사실이다. 일명 판다의 엄지라 부르는 '여섯번째(!)' 손가락이다. 판다의 엄지는 어떻게 생겨났을까?

우리가 아는 한 판다는 곰이고, 곰은 육식성 동물이다. 그런데 판다는 그러한 육식성 곰의 초식성 후손이다. 판다의 조상, 육식 곰이 지닌 다섯 손가락은 인간의 손가락과는 약간 다르다. 인간은 다른 손가락과 맞댈 수 있는 유연한 엄지손가락을 가지고 있는데 반해 판다의 조상의 엄지는 그렇지 못했다. 그들의 손가락들은 주로 나무를 올라타고, 달리고 먹이감을 잡아채고 할퀴는 데 사용되었다. 그래서 이들의 손가락은 유연하기보다는 강건했다. 만약 그들의 손가락이 유연했다면, 나무에 올라타고 먹이감을 잡아채는 데 힘이 덜 실리기도 하고, 가끔 손가락을 '삐끗'하기도 했을 것이다. 유연한 손가락은 육식 곰이 살아가는 데 커다란 불편으로 작용했기에 그들은 구부러지지 않는 손가락을 진화시켰던 것이다. 손가락을 육식의 생활방식에 적합한 형태로 특수화시키면서 손가락의 유연성을 희생시켰던 것이다.

하지만 육식을 하는 조상들의 손가락을 물려받은 초식 곰 판다. 그들이 물려받은 유연성 없는 손가락은 거꾸로 대나무의 새순을 먹는 데 상당히 불편했다. 대나무를 움켜잡을 수도 없고, 그 대나무 잎을 훑어내기도 힘들었기 때문이다. 가끔 대나무 잎이 눈을 찌르기도 하고, 마주잡은 대나무를 놓치기도 했을 것이다. 판다의 조상, 초식 곰 판다는 육식하는 조상들로부터 자신들의 생활맥락과는 관계없는 육식동물의 손발을 전해 받았던 것이다. 판다들은 바로 이렇게 되돌릴 수 없는 과거, 게다가 자신의 맥락과는 부합되지 않는 과거, 역사적 제약을 물려받았다. 그들은 그런 앞다리를 물려준 조상을 원망하면서, 자신들의 조건들을 탓하고 있었을까? 자신의 손이 대나무를 먹는 데 최적인 손으로 재설계되기를 꿈꾸었을까?

역사적 제약에 속박되어 생을 포기할 판다가 아니다. 판다 계통은 어떻게든 생존을 위해 그들이 처해진 조건하에서 치열하게 분투했다. 자신에게 처해진 조건을 감당할 수 없을 때, 그 조건은 자신의 삶을 한계 지우고 방해하는 억만 근의 멍에처럼 느껴진다. 하지만 판다 계통은 그러한 존재조건을 원망하기는커녕 이를 바탕으로 어떻게든 해결책을 찾았다. 그들은 물려받은 조상들의 신체를 조건으로 삼아 이를 적극 활용했다. 그 조건 위에서 그들의 살 길을 찾아나갔던 것이다. 이러한 모습을 매우 단적으로 보여주는 것이 바로 판다의 엄지다.

판다의 진짜 엄지손가락은 이미 다른 역할에 할당되어 있어 별도의 기능을 갖기에는 지나치게 특수화된 상태여서 물건을 붙잡을 수 있도록 서로 마주 볼 수 있는 손가락으로 변화한다는 것은 불가능했다. 따라서 판다는 손에 있는 다른 부분을 활용해야만 했으며, 그래서 확대시킨 손목뼈를 사용했다. 이것은 조금 꼴사납긴 하지만, 그래도 훌륭하게 작동되는 해결책이었다. 종자골 엄지손가락은 기술자들의 대회에서 상을 탈 수 없는 수준이었다. …… 그것은 임시변통의 장치이지, 특출나게 새로운 발명품은 아닌 것이다. 그러나 그것은 매우 훌륭하게 작동하고 있으며, 전혀 있을 법하지 않은 것을 기반으로 구축되었기 때문에

한층 우리의 상상력을 자극한다. 굴드, 『판다의 엄지』, 『판다의 엄지』, 24쪽

판다 집단은 기묘한 그리고 멋진 해결방식을 찾아낸다. 그들은 조상들로부터 물려받은 구조를 이용(!)한다. 완전히 새로운 발명이 아니라 기존에 존재했던 구조를 이용하는 것이다. 단순히 팔과 손을 이어주는 부분으로 살짝 튀어나온 손목 뼈! 판다 계통은 진화과정 속에서 손목의 조그만 뼈(요골종자뼈)를 이용했다. 어느덧 판다 집단에는 삐쭉 길게 나온 손목뼈에 근육과 살덩이가 붙은 손을 지닌 판다의 빈도수가 늘어났다. 진화과정 속에서 판다 계통은 기존에 존재하던 것들을 이곳저곳에서 징발해 기존의 구조를 개조한 셈이다. 이러한 착출은 판다의 엄지와 같은 새로운 기능을 만들어 냈다. 이렇게 해서 판다의 여섯번째 손가락, 유연하게 대나무를 움켜쥐고, 때로는 대나무 잎을 훑어 낼 수 있는 판다의 엄지가 탄생했다. 요컨대 판다의 엄지는 새롭게 발생한 것이 아니라, 기존에 가지고 있던 대물림된 신체구조들로부터 만들어진 것이었다.

판다의 엄지가 진화한 과정은 생명이 어떻게 역사적인 제약, 역사적인 조건하에서 잘 살아가는지를 대표적으로 보여 준다. 그들은 역사적 제약에 제약되지 않았다. 오히려 판다는 진화적 유산을 개조하고, 재이용하면서 그들이 펼 수 있는 무한정한 변이를 만들어 냈다. 제약을 제약으로 보지 않고, 이들을 가져다 창조의 발판으로 전환한 순간 자유로운 변이의 새로운 장이 펼쳐졌다. 이제 역사적 제약은 판다가 두 발을 딛고 자유의 향연을 마음껏 펼

칠 수 있었던 삶의 기반이자 도약대가 되었다. 판다가 지닌 역사적 제약은 판다를 판다로 만든 충만한 장이었으며, 판다라는 생명 존재를 가능하게 했던 것이다.

————

자연은 뛰어난 땜장이, 임시방편의 미학

————

역사적 제약 속에서 마음껏 자유를 구가하며 살아가는 생명들을 보고, 굴드는 프랑스의 위대한 생물학자 프랑수아 자콥의 말을 빌려 다음과 같이 말한다. "자연은 뛰어난 땜장이이지 신묘한 장인은 아닌 것이다."굴드, 「판다의 엄지」, 『판다의 엄지』, 32쪽 판다의 엄지, 그 모습은 꼴사납기도 하고, 우스꽝스럽고 엉성하다. 왜냐하면 그때그때의 상황을 모면하기 위한 날림의 작업 수준으로 마치 땜질하듯이 여섯번째 손가락을 진화시켰기 때문이다. 그러고도 판다는 험난한 세상을 잘 살 수 있었을까? 전혀 걱정할 필요가 없다. 판다의 엄지처럼 엉성한 것들의 집합이라도 훌륭하게 쓰인다.

> 우리 세계는 전능한 선택의 힘에 의해 미세하게 조정된 최적의 장소가 아니다. 우리 세계는 불완전한 것들의 변덕스러운 집합이지만, 그것은 충분히 잘 돌아간다(흔히 훌륭하게 돌아간다). 우리 세계는 과거 역사에 의해 다른 맥락에서 만들어진 신기한 부분들을 가지고 임시변통으로 마련한 적응들의 집합이다. 그저

선택의 신봉자가 아니라 역사의 날카로운 관찰자였던 다윈은 이 원리가 진화의 가장 중요한 증거임을 이해했다. 현재 환경에 최적으로 적응된 세계는 역사가 없는 세계고, 역사가 없는 세계는 우리가 보는 모습대로 창조된 것이다. 역사는 중요하다. 역사는 완벽함을 좌절시키고, 현재의 생물들이 그들의 과거를 탈바꿈시킨 것임을 증명한다. 굴드, 「오직 날개만 남았다」, 『플라밍고의 미소』, 64쪽

생명은 끌어다쓰기(cooptation), 착출과 징발의 달인이다. 이렇게 기존에 있던 것을 이리저리 착출하고 징발하면서, 이들을 적재적소에 활용한다. 각 계통들마다 그때그때 처하게 되는 변덕스러운 환경에 대처하여 임시방편으로 독특한 그들만의 발명품들을 창안해 낸다. 바로 이것이 생명 자신이 그들의 삶을 존속시키기 위해 썼던 비법이자, 오랫동안 연속성을 가지고 존재해 왔던 영업비밀이었던 것이다.

바로 이때 조상들로부터 물려받은 역사적 제약은 엄청난 위력을 발휘한다. 생명은 새로운 기관을 처음부터 진화시키느라 오랜 시간을 투자하기보다는 그때그때의 상황을 잘 넘기기 위해 조상들로부터 대물림 받은 모든 것들을 적재적소에 활용한다. 대물림된 구조에서 기이하고 흥미로운 연결과 배열, 해법들이 발견된다. 이러한 임시방편의 기술을 통해 생명은 그들 계통의 독특한 삶의 방식을 만든다. 조상들로부터 물려받은 역사적 유산을 가지고 생명은 자신들의 삶을 만들어 나가는 창조력 넘치는 삶의 예술

을 펼쳤던 것이다. 이것이 생명이 그들의 삶 속에서 보여 준 임시방편의 미학이다.

이제 역사적 제약을 이리저리 활용하는 땜질의 과정 속에서 생명은 완벽해지기는커녕 더 엉성해지고, 더 지저분해지는 불완전한 것들의 변덕스런 집합이 된다. 온갖 잡다한 천을 기워 붙인 누더기처럼 잡동사니들의 복합체가 된다. 여기서 합리적이고 완벽한 설계구조는 상상도 할 수 없다. 우리는 굴드를 따라 불완전하고 엉성한 신체 설계의 모습, 생명이 좀더 불완전해져 가는 모습을 볼 수 있을 것이다. 그러면 불완전성이 생명의 존재조건임을 알게 될 것이다. 다음 장에서는 굴드가 역사적 제약에 의한 불완전성에 더해, 생명체에 존재하는 또 다른 불완전성을 소개한다고 하니 귀 기울여 보자. 불완전하고 엉성해 보이지만 괜찮다. 여기엔 어떤 창조적 원천이 숨어 있기 때문이다.

오리너구리의 부리? 입?

역사적 제약을 존재의 자유로움을 만끽할 수 있는 충만한 장으로 전유한 경우가 판다의 경우만 있을까? 이런 생물들의 이야기만 모아도 될 정도로 굴드가 예로 드는 생물들의 수는 셀 수 없이 많다. 흥미로운 사례들이 너무 많지만 여기에서는 간단히 오리너구리에 대한 이야기만 하고 넘어가야겠다.

오리너구리는 정말 희한한 포유류(?)이다. 포유류라고 하기 민망할 정도로 물고기의 뒷지느러미 같은 꼬리가 있고, 발은 오리발처럼 생겼다. 게다가 새끼를 낳지 않고 알을 낳는다. 그래서 젖꼭지는 없는 것이 당연해 보이는데, 가슴 어딘가에서 젖이 흘러나온다. 또 포유류와 같은 털도 있다. 도대체 오리너구리는 포유류인가, 조류인가, 파충류인가? 포유류 같기도 하고 아닌 것도 같은 오리너구리는 고등한 포유류에 못 미치는 원시적이며 하등한 형태처럼 보인다.

하지만 전혀 그렇지 않다. 오리너구리는 파충류에서 포유류로 나아가는 큰 줄기에서 일찌감치 분기해 그들만의 독특한 일가를 이루어 냈다.

오리너구리의 계통은 어떤 계기로 물 속으로 가서 살게 된다. 파충류에서 포유류로 분기하는 계통 중 일부였으니, 그들은 물 속 환경에 유리한 신체조건을 물려받지 못했을 것이다. 하지만 자신이 물려받은 신체를 가지고 그들이 처한 환경에서 살아가려고 분투한다. 그들은 우리가 신기하게 보는 물갈퀴가 있는 발과 유선형의 몸통과 지느러미처럼 생긴 꼬리를 진화시켰다. 특별하고 색다른 그들의 생활방식에 맞게 기존의 구조들을 재활용하여 공학적으로 뛰어난 신체구조를 독자적으로 창조한 것이다. 그 중 압권은 오리너구리의 입(부리?)이다.

우리는 물 속에 들어가면 어떻게 하는가. 눈을 꼭 감고, 심지어 코와 귀까지 막으며 암흑 속에서 허우적대지 않는가. 오리너구리도 똑같았다. 하지만 물 속에서 아무것도 보지 못하면 큰일이다. 포유류의 계통으로서 물 속에서 구멍이 있는 감각기관을 작동시킬 수 없는 오리너구리는 새로운 감각기관을 발명한다. 바로 오리너구리의 입이다. 분명 오리주둥이처럼 생겼지만 새의 부리와는 다르다. 조류의 부리는 단단하기만 하고 감각할 수 없는 뿔로 된 구조이지만, 오리너구리의 입은 부드러운 피부가 단단한 기질을 덮고 있으며, 이 피부에는 팔목할 만한 감각기관들이 정렬해 있다. **굴드, 「오리너구리에 대한 새로운 발견」, 『힘내라 브론토사우루스』, 394쪽** 이 입을 가지고 오리너구리는 장애물과 먹이의 위치를 찾는 것이다.

이것은 파충류처럼 기다란 입 모양을 가진 오리너구리 조상들이 기존에 있던 구강구조를 징발하고 활용해 만든 것이다. 조상들로부터 물려받은 신체적 유산은 이렇게 오리너구리의 계통을 이어 나갈 수 있도록 했고, 결국 오리너구리를 살렸다. 오리너구리만의 독특한 특징을 만들었다. 문제는 역사적 유산에 있었지만 해결책도 거기에 있었다. 뭍에서 살다 물 속으로 들어간 오리너구리는 역사적 제약 덕택에 훌륭하고 독특한 발명품을 만들어 냈다. 제약을 창조의 발판으로 삼을 힘이 그들에게 있었던 것이다. 독특한 발명품을 만들어 낸 오리너구리, 그들은 아마도 그들 자신에 대해 조상들로부터 물려받은 신체 설계가 나빴고, 간신히 후손들의 개선과 수정의 노력에 의해서 이만큼 살 만한 신체 설계를 진화시켜 왔다고 말하지 않을 것이다. 그들은 물려받은 신체 설계에, 이를 물려준 그들의 조상들에게 고개 숙여 감사의 인사를 보냈을 것이다. 그것이 자신들을 오리너구리로 만들어 주었기 때문이다.

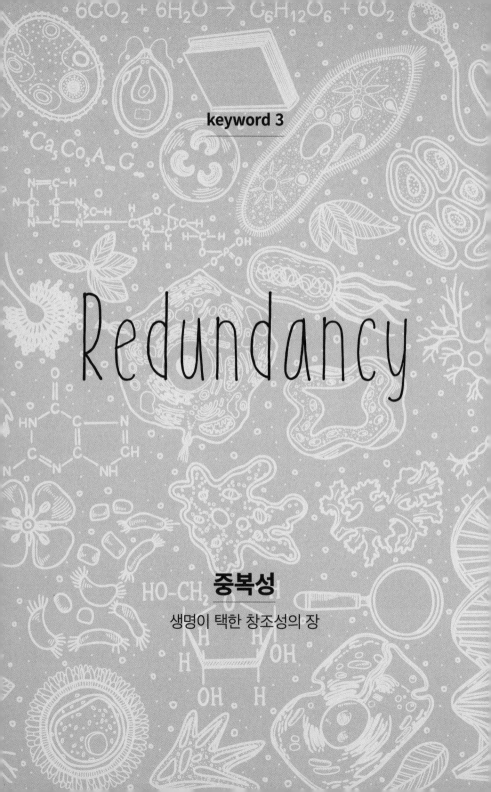

Redundancy

중복성

생명이 택한 창조성의 장

중복은 불필요한 잉여인가?

앞장에서 굴드는 좀더 엉성하고 불완전해지면서 발휘되는 창조성의 장을 제시할 거라 했다. 이 장의 키워드를 보고 이미 짐작했을지 모르겠지만, 생명이 역사적 제약을 조건삼아 임시방편의 미학을 구성하게 되는 것은 바로 중복성 때문이다. 하지만 어떻게 중복성이 그런 역할을 할 수 있을지 의구심이 들지도 모른다.

　우리는 대개 중복이라는 말을 부정적으로 바라보기 때문이다. 이러한 시각은 적응주의에서도 동일하게 적용된다. 중복성은 적응주의가 이상적으로 꿈꿨던 완전함과는 정반대 편에 해당하는 무엇이다. 중복성은 완벽한 신체 설계라면 결코 존재하지 않을 비합리적인 신체 설계의 모습이다. 중복성을 지닌 신체는 그 쓰임과 구조가 애매모호하고, 불필요하게 보일 것이다. 한 기관의 쓰임이 분명치 않고 여러 개인 상태, 다른 기관과 역할이 명확히 구획되지 않은 모호한 상태, 단순 반복되어 남아도는 잉여의 상태, 이러한 중복성들을 보면 이를 단순명료하면서도 질서잡힌 효율적이고 합리적인 구조로 바로잡고 싶은 생각들이 샘솟을 것이다. 이렇게 우리는 중복성을 바로잡아야 할 불완전한 것으로 보는 것이다.

　중복성에 대한 우리의 편견을 잘 보여 주는 사례는 생물학의 용어에도 존재한다. 예전부터 우리 몸의 유전자들 중 약 2%만이 단백질을 만드는 유전자이고, 나머지 98%는 별다른 기능이 없는 유전자들이라고 알려져 왔다. 이들 중 절반은 반복염기서열들로 이루어져 있다고 한다. 반복염기서열은 특정한 DNA의 염기서열이 동일하게 반복되는 구조를 말한다. 20세기 중후반, 생물학계는 반복되는 유전자 서열을 포함한 98%의 유전자를 쓸모없다고 보았고, 이에 '정크(junk) DNA', 즉 쓰레기 DNA라는 불명예스러운 이름을 붙여 주었다. 레슬리 오르겔과 프랜시스 크릭이 유명 학술지에 우리 몸 속에는 기생충 같은 쓰레기 DNA가 넘쳐난다고 썼던 것이 발단이 되어서, 정크 DNA라는 용어는 통상적으로 쓰이는 말이 되었다.

유전자 대부분을 쓰레기 유전자라고 명명한 것도 재밌지만, 그 쓰레기 DNA의 대부분이 중복되는 유전자, 반복서열이라는 것은 의미심장한 일이다. 아마도 그것들이 동일하게 반복되는 중복 유전자가 아니었다면, 그리 쉽게 쓸모 없는 유전자라고 예단하기 쉽지 않았을 것이다. 정크 DNA란 용어는 중복성에 대한 우리의 이미지가 어떠한지를 잘 나타내 준다. 필요 이상으로 반복되는 것은 무의미한 잉여이며, 불필요한 쓰레기라는 생각이 우리에게 깊숙이 자리하고 있는 것이다. 하지만 굴드는 중복성에 대한 부정적 통념에 이의를 제기한다. 중복은 생명에게 정말 불필요한 잉여에 불과한 것일까?

중복성 없이는 변화도 없다

굴드는 불완전해 보이는 중복성이 생명에게 매우 중요한 요소라 강조한다. 그는 좀더 실감이 나게끔 중복성이 없는 완벽한 생명체를 가정해 보자고 말한다. 생명체의 모든 부분들, 유전자를 포함해서 모든 기관들이 잉여 없이 각각 하나의 기능만을 완벽하게 맡고 있다면 어떻게 될까? 쓸데없는 것을 지니지 않은 생명체들이 이제는 완벽해 보이는가? 불필요한 중복 없이 필요한 기관들이 서로 조화를 이루고 있는 모습에서 경제성과 합리성의 아름다움이 느껴지는가? 하지만 중복성이 없는 이 완벽한 생명체의 모습, 이것은 먼 옛날의 창조론자들이 진화란 불가능하다는 것을 증명하기 위해 내세운 생명의 이미지였다.

옛날 사람들은 모든 생물들이 그 자체로 완전한 체계를 이루고 있기 때문에 변화란 불가능하다고 생각했다. 완전함과 진화와 무슨 상관이 있기에 그렇게 주장한 것일까? 그들은 생명체의 모든 부분은 섬세하게 설계되어 조화를 이루며 생명체를 위해 상호 반응하고 협력한다고 생각했다. 만약 이런 완벽한 체계에서 무엇 하나라도 변하게 된다면, 이 완전한 통합체 역시 변해 버릴 것이다. 진화라는 것은 새로운 구조가 생겨나는 것인데, 모든 생명체는 변화하는 도중에 죽어 버리고 말 것이다. 변화 전과 변화 후의 기관은 정상적으로 작동하겠지만, 변화하는 과정에 있는 기관은 제대로 작동하지 못하기 때문이다. 그래서 새로움, 즉 진화는 불가능하다는 것이다.

중복성이 없는 생명체를 가정한 것과는 정반대로 중복성이 생명체에 풍부하다면 어떻게 될까? 굴드는 이러한 생각이 생물의 변화, 진화를 설명하는 데 매우 결정적인 생각이었다고 말한다. 굴드에 의하면, 찰스 다윈은 생명 속에 편재하는 중복성을 매우 중요하게 다루었던 사람이다. 그는 생명 그 자체가 너무 완벽하기 때문에 그 어떤 것 하나라도 변화할 수 없다며 진화론을 부정하는 무리들에게 중복성이라는 천재적 해법을 내놓았다. 다윈은『종의 기원』에서 중복성 덕분에 진화가 가능했다고 주장한다. 굴드는 이를 주목해야 한다고 말한다. 굴드의 말을 들어보자.

> 나는 흔한 중복성이 진화를 가능케 했다는 주장이야말로『종의 기원』에 담긴 다윈의 주장들 가운데 가장 보편적이고 중요한 말이라고 생각한다. 동물이 이상적으로 연마된 존재라서 하나의 부분이 하나의 일을 완벽하게 맡는다면, 진화는 일어나지 않을 것이다. 아무것도 변하지 않을 테니까(변하더라도 전이 중에 핵심 기능을 잃을 테니까). 또 생명은 순식간에 종말을 맞을 것이다. 환경이 변해도 대응하지 못할 테니까. 굴드, 「뜨거운 공기 가득」,『여덟 마리 새끼 돼지』, 169쪽

굴드에 의하면 다윈은『종의 기원』에서 척추동물의 폐 진화를 이야기하면서 경골어류의 부레와의 관계를 대여섯 차례나 반

복해서 이야기했다. 그만큼 다윈이 중요하다고 생각한 주제라는 이야기인데, 부레와 폐, 그리고 중복성은 무슨 관련이 있을까?

부레의 진화

우선 폐와 부레의 관계부터 말해 보자. 이들은 상동기관이다. 마치 고래의 지느러미와 새의 날개의 관계처럼 쓰임새는 달라 보여도 그 유래가 같아서 동형의 구조를 가진 상동기관인 것이다. 그렇다면 이 둘 중 어떤 것이 먼저 존재했을까? 어류가 물 속에서 나와 육상동물로 진화했으니, 부레가 먼저였고 나중에 폐가 생겼을까? 틀렸다. (틀린 분은 실망하지 마시길! 다윈도 이 문제에서 실수했다.) 폐에서 부레가 생겼다. 이들은 분기하면서 폐의 조직을 퇴화시켜 텅 빈 주머니로 만들었다.

그러면 이런 의문이 떠오른다. 폐가 없다면 어떻게 숨을 쉴까? 이 문제는 최초의 선조 척추동물(물고기도 척추동물이다)이 이중의 호흡체계를 지니고 있었다는 점에서 해결된다. 이들은 바닷물에서 기체를 추출할 때는 아가미를 쓰고 수면에서 공기를 삼킬 때는 폐를 썼다. 때문에 아가미가 건재하니, 폐를 살짝 다른 기능으로 전환시켜도 되는 것이다. 이중의 호흡체계, '두 개로 하나 하기'! 두 기관이 하나의 일을 하는 중복성이 부레의 진화에 중요한 역할을 한 것이다.

그런데 또 하나의 문제점이 있다. 폐를 부레로 전환시킨 물고기의 조상에게 문제가 있다. 물 속은 용존산소량이 자주 변하기 때문에, 산소가 부족한 늪 속에 사는 물고기는 반드시 수면으로 올라와 공기를 들이마셔야 한다. 그렇다면 폐를 부레로 바꾸고 나면, 부레가 있어서 수면으로 올라올 수는 있지만, 숨은 어떻게 쉴 수 있을까? 이번에도 기관의 중복성이 톡톡히 역할을 수행한다. 바로 부레가 이중의 기능을 지녔다는 점 때문이다. 보조적인 호흡의 기능을 가졌던 것이다. 폐에서 부레로 진화될 때 폐의 기능은 완전히 사라지지 않았다. 그래서 부레는 두 가지 기능을 가지고 있었던 것이다. '하나로 두 개 하기'! 물고기 부레의 진화에 부레의 다기능성이 결정적인 역할을 한 것이었다. 부레에 두 가지 기능이 없었다면 물고기는 부레를 진화시킬 수 없었을 것이다. 기관이 최적으로 설계되어 하나의 기관이 하나의 기능만을 수행하게 되었다면, 그래서 물고기의 신체에 이러한 '하나로 두 개 하기', '둘로 하나 하기'와 같은 중복성이 없었다면, 폐에서 부레로의 진화는 불가능했을 것이다. 변하는 도중 죽어 버렸을 테니까.

―――

쓰레기가 아닌 중복 유전자

―――

굴드는 해부학적인 기관들의 중복성에서 더 나아가 근본적으로 유전자의 수준의 측면에서도 중복성이 존재한다고 말한다. 그리고 유전적인 수준에서는 이러한 유전적인 중복성을 유지하는 방법들을 자체적으로 만들어 왔다고 한다. 중복과 이동 능력을 발달시킨 도약 유전자인 트랜스포손은 자신을 복제하면서, 유전자 이곳저곳을 이동하여 자신을 삽입하기도 한다.

인과율의 기본을 철저히 착각하지 않는 이상, 수백만 년 뒤의 복잡성이라는 잠재적 용도를 '위해서' 중복 유전자가 탄생했다고야 말할 수 없는 노릇이다. 중복 유전자는 물론 복잡성의 열쇠지만 처음에 진화한 이유는 뭔가 다른 것이었음이 분명하다. 그후 기발한 기능전환이 일어났을 것이다.

이 사례가 흥미로운 까닭은, 중복성의 탄생 이유가 전통적 의미의 자연선택과는 크게 상관이 없을지도 모른다는 점 때문이다. 전통적 의미의 자연선택이란 개체들이 번식에 성공하기 위해서 투쟁하는 과정이다. 그러나 중복성은 개체보다 낮은 유전자 차원의 선택으로 탄생했을지도 모른다. 커다란 쐐기들의 세상에서는 과정이 잘 드러나지 않을 테지만, 유전자들도 제 차원에서 자연선택 게임을 수행한다. 다윈의 세상에서 후손을 많이 남기는 개체가 이기듯 그 낮은 차원에서는 중복과 이동 능력을 발달시킨 유전자가(트랜스포손, 혹은 도약 유전자라고도 한다) 나름의 이점이 있을 것이다. 사실 유전자가 중복되어도 신체에 아무런 영향이 없다면 중복을 더 부추기는 결과가 될지도 모른다. 다윈의 쐐기 차원에서는 중복이 드러나지 않는 셈이라, '불필요한' 여분 유전자의 누적을 방해하려는 자연선택의 부정적 선택압을 피할 수 있기 때문이다. 그렇게 숨어서 탄생한 '잉여의' 유전자가 나중에 복잡성의 원천이 된다. 굴드, 「타이어에서 샌들로」, 『여덟 마리 새끼 돼지』, 452~453쪽

굴드는 중복 유전자가 오직 미래의 잠재적 용도를 위해서만 자연선택 되었을 리는 없다고 말한다. 지금 현재 쓸모가 없는 유전자임에도 불구하고 나중의 생존에 도움이 될지 몰라 이를 유지하는 일은 자연선택의 과정을 거치는 생명에게 불가능하다는 얘기다. 하지만 유전자의 수준에서 중복성이 생산되고 유지되는 방법들이 존재한다고 굴드는 말한다.

유전자의 관점에서 전이요소들은 다윈주의의 커다란 혁신을 진전시켜 왔다: 그들은 더 잘 살아남는 자신의 복사본을 만드는 방법들을 발견해 왔고, 이 발견은 그 자체로 진화적 최고선이었다. 개체가 이러한 반복을 알아차리지 못하고, 그래서 반복을 제거하거나 반복을 막음으로써 반복을 억제할 수 없다면, 반복 유전자들에게는 더할 나위 없이 좋은 일이다.Gould, *Hen's Teeth and Horse's Toes: Further Reflections in Natural History*, W.W. Norton& Company,1994, p.173

전이인자는 계속해서 복사본을 만들고, 이것은 진화적 새로움을 위한 토대를 마련한다. 그들은 자연선택의 힘이 미치지 않는 범위에서 계속적으로 유전자 중복성들을 만들어 나갔다. 대개 자

연선택은 개체의 표현형에 영향을 미친다. 표현형은 유전자(유전형)가 신체의 어떤 특징이나 형질로 구현된 형태이다. 대개 유전자의 중복성은 표현형으로 발현되지 않기에 자연선택의 깐깐한 눈을 피해갈 수 있다. 그래서 유전적 중복성은 계속 생산되고 유지된다. 이는 진화적으로 최고선이다. 이렇게 생산되고 유지된 중복성이 진화적 복잡성과 새로운 기능들을 가져오기 때문이다.

유전자 중복성에 대한 굴드의 관심은 분자생물학자 위르겐 브로셔스와 함께한 연구에서 잘 드러난다. 1980~90년대 당시에는 중복 유전자들이 불필요한 유전적 소음으로 치부되었다. 이를 잘 반영하는 것이 중복 유전자들을 부르는 명칭일 것이다. 반복 유전자 중 한 유형인 유사 유전자(pseudogenes)에는 'pseudo', 즉 원본을 따라한 '모조(가짜)' 혹은 '유사'라는 수식어가 붙는다. 아무런 기능도 없고 그저 반복되어 가치가 없는 유전자 비슷한 무엇이라는 것이다. 굴드는 중복 유전자를 이렇게 부정적으로 경시하는 경향에 대해 이의를 제기했다. 그리고 굴드는 중복 유전자를 비롯해서 쓰레기 유전자라 불리는 유전자들에게 새로운 명칭들을 부여하자고 제안했다. 굴드와 브로셔스는 DNA와 RNA를 가리지 않고 일정한 기준을 만족하는 모든 염기서열을 뉴온(nuon)이라 불렀고, 미래에 유용한 염기서열을 만드는 데 공헌할 수 있는 이러한 잠재력을 지닌 유전자들을 '포토뉴온'(potonuons), 그리고 실제로 유용하고 새로운 기능을 갖도록 징발된 유전자들을 '쨉토뉴온'(xaptonuon)이라 불렀다.Jürgen Brosius and Stephen Jay Gould, "On "genomenclature": a comprehensive (and respectful) taxonomy for pseudogenes and other "junk DNA"", *Proceedings of the National Academy of Sciences of the United States of America*, Vol. 89, Issue 22, 1992, pp.10706~10710

이러한 새로운 명명법을 통해 굴드는 유전자의 중복성이 미래의 유전체 전체에 가져다주는 구조적이고 기능적인 공헌을 강조하고자 했다. 중복의 유전자는 단순히 유전적 소음, 쓰레기가 아니라, 진화의 광대한 원천이자 보고로서 작용한다는 것을 보여주고자 한 것이다. 굴드의 새로운 명명법은 현재 생물학계에서 쓰이고 있지는 않지만, 이를 통해 굴드가 유전자 수준에서도 얼마나 중복성을 강조했는지를 잘 알 수 있다.

중복성, 생명이 택한 창조성의 장

유전적인 중복성에서부터 하나가 여러 개의 기능을 하기도 하고, 여러 개가 하나의 기능을 하는 애매모호한 중복성, 이들은 산만해보이며, 불완전해 보인다. 하지만 어딘지 모르게 '헐렁해' 보이는 이 불완전한 구조는 생명에게 유연한 변화의 능력을 가져다주었다. 중복성은 잠재적인 쓸모가 다양한 다기능성의 장이다. 약간은 넘치고 남는 것이 있어야 그걸 잘라서 버리는 대신 다른 일에 쓸 수도 있고, 잉여 일손을 추가적인 역할로 차출할 수도 있다. 중복성이 있기에 가능한 차출과 변환의 장 속에서 무한한 새로움이 창조되었다. 즉 진화가 가능했던 것이다. 이러한 중복성은 생명의

역사에서 넘쳐났다. 굴드의 말을 들어보자.

두 현상(하나로 두 개 하기, 둘로 하나 하기)은 사실 별개가 아니
다. 둘은 더 심오하고 중요한 공통의 원칙, 즉 모든 종류의 창조
성에 바탕이 되는 중복의 원칙을 드러내고 있다. 두 현상은 같
은 동전의 양면이며, 이 동전은 지적으로는 값을 따질 수 없을
만큼 귀하지만 페니 동전만큼 흔하다.

기관들이 특정 작업을 '위해서' 존재한다는 생각, 오로지 하나
의 임무에 이상적으로 들어맞는다는 생각은 구식 창조론의 흔
적이다. 신이 모든 생물을 만들었으며 그것도 온전한 형태와 완
벽한 기능으로 만들었다는 생각에서 비롯한다. 정말로 기관이
하나의 역할을 위해서 존재한다면, 하나의 기관이 하나 이상의
일을 하는 경우는 드물 테고 두 기관이 하나의 일을 하는 경우
는 더 드물 것이다. 하지만 기관들은 무언가를 위해서 설계된
것이 아니다. 그것들은 진화했다. 그리고 진화는 중복이 넘쳐나
는 지저분한 과정이다. 물론 기관이 특정 역할에 유리하도록 자
연선택으로 다듬어질 수는 있지만, 사실 복잡한 것은 무엇이든
간에 그 물려받은 구조 덕택에 잠재적인 쓸모가 다양하다. 동전
을 스크루드라이버 대신 쓸 때, 신용카드로 문을 딸 때, 옷걸이
로 잠긴 차 문을 열 때, 우리가 다들 느끼는 사실이다. 생물의 필
수 기능이 한 기관에만 국한된다면 그 계통은 장기적으로 진화
하며 존속할 가망이 적을 것이다. 중복은 그 자체로 어마어마한
이점이다. 굴드, 「뜨거운 공기 가득」, 『여덟 마리 새끼 돼지』, 167쪽

창조성의 장으로서 중복성은 "값으로 따질 수 없을 만큼 귀하지만 페니 동전만큼" 흔하다. 중복성은 생명의 신체, 생명의 진화 도상 도처에 존재한다. 앞서 예로 든 부레의 진화는 매우 특수한 경우 같지만, 그렇지 않다. 이런 예는 무궁무진하다. 오히려 중복성이 없는 사례를 생명의 진화에서 찾는 것이 힘들 정도이다.

또한 중복성은 진화의 과정에서 끊임없이 보존되고 유지되었다. 신체 구조에 존재하는 여분의 기관과 기능들은 조상들에 의한 대물림을 통해 보존되었고, 역사적 제약을 통해 중복성은 제거되지 않고 끊임없이 이어졌다. 이는 유전자 수준에서도 마찬가지다. 생명 일반에 편재해 있는 중복성, 진화란 "진화는 중복이 넘쳐나는 지저분한 과정"굴드, 「뜨거운 공기 가득」, 『여덟 마리 새끼 돼지』, 167쪽이다. 그래서 굴드는 중복성을 '중복의 원칙'이라고까지 일반화를 하면서 예찬하고 있는 것이다.

현재의 환경에 꼭 맞는 최적의 신체 설계를 가진 것이 능사가 아니다. 그들은 오늘만 살 것이 아니라, 무구한 세월들 속 시시때때로 변화하는 환경 속에서 살아남아야 한다. 이럴 땐 유연성이 최고선이다. 그 유연성은 중복성이라는 창조적 장에서 비로소 가능해진다. 그리하여 생명은 엉성함과 애매모호한 불완전함을 자신들의 몸 속에 끊임없이 남겼던 것이다. 생명은 중복성을 택했던 것이다.

미끼물고기를 진화시킨 조개

모든 자연사학자들에게는 저마다 즐겨 쓰는 거창한 적응의 사례가 하나씩 있기 마련이다. 내가 드는 예들 중 하나는 담수산 홍합류(freshwater mussel, unionid) 람프실리스(Lampsilis) 속의 몇몇 종들이 가지고 있는 '미끼물고기'이다. 대부분의 조개들이 그렇듯이 람프실리스는 바닥의 퇴적물 속에 몸의 일부를 묻고 꽁무니를 밖으로 삐죽이 내놓은 채 살아간다. 그런데 그 내민 꽁무니의 끝이 영락없이 작은 물고기처럼 생겼다. 그것은 유선형의 몸매에다 잘 설계된 지느러미와 꼬리, 심지어는 몸체에 점점이 박힌 안점(eyespot)까지 완벽하게 갖추고 있다. 게다가 여러분이 믿건 말건 그 외투막 자락은 헤엄을 흉내 내며 율동적인 동작으로 흐느적거리기까지 한다. 굴드, 「미끼물고기를 진화시킨 조개」, 『다윈 이후』, 146쪽

람프실리스 조개는 굴드가 즐겨 쓰는 적응의 사례다. 여기서도 중복성은 생명체가 변천해 가는 과정에 혁혁한 공을 세운다. 굴드 이야기를 들어보자.

람프실리스란 조개가 있다. 이 조개는 꽤 특이한 방식으로 자손을 양육하는 조개다. 람프실리스는 실제 물고기와 비슷한 외피막 꽁무니를 달고 있다. 그래서 여러 물고기들이 물고기와 비슷한 외양에 속아 조개의 꽁무니에 달려든다. 그때 람프실리스 조개는 자신이 키우고 있던 유생들을 발사한다. 꽁무니에 달린 것은 한마디로 물고기를 유혹하는

가짜 물고기, 미끼인 셈이다. 그 미끼에 속은 물고기는 그 유생을 삼키고, 람프실리스 유생은 물고기의 아가미에 안착해 기생한다.

이 미끼물고기의 모습은 생명의 놀라운 적응의 형태라 할 수 있을 정도로 실제 물고기와 매우 유사하다. 람프실리스는 이렇게 물고기와 똑같은 미끼물고기를 어떻게 만들어 갔을까? 이것은 자연선택에 의해서 시간이 흐름에 따라 중간 형태를 거쳐가며 점차 형성되었을 것이다. 하지만 여기에 문제가 있다. 적어도 진화 초기에는 물고기와 크게 닮지 않았을 것인데 어떻게 이들이 자연의 시험대를 통과했을까? 진짜 물고기와 별로 닮지도 않았을 전이 중에 있는 미끼물고기가 무슨 쓸모가 있겠는가? 어떤 유용성이 없이는 자연선택의 감시에서 벗어나기 힘들다. 별 쓸모가 없는 기관을 유지하느라 에너지 낭비를 할 필요도 없다.

앞서 제기한 구식 창조론자들의 반대논리와도 비슷하지만, 이 문제는 다윈을 비롯한 진화론자들이 꼭 풀어야 할 문제였다. 이를 '복잡한 기관의 초기 단계의 유용성 문제'라 한다. 현재 아무리 유용한 구조라 하더라도 그것이 진화 초기의 단계에 적응적 가치를 가질 수 있냐는 것이다. 이런 문제들은 다윈의 비판자들이 끊임없이 제기하고 있는 문제이며, 현대의 창조과학자들도 끊임없이 제기하는 문제이기도 했다.

이런 문제를 어떻게 풀어 나갈까? 다윈이 앞서 부레의 진화를 풀었던 방식과 마찬가지로, 굴드 역시 중복성을 활용한다. 굴드는 이 조개의 외투막 자락이 구조적으로 연속성을 띠며 변해 오는 과정 속에서 그 기능이 변화했다고 설명한다. 외투막 자락이 물고기를 유혹하는 "새로운 기능을 발달시키는 도중에 원래 가지고 있었던 기능을 그대로 유지한다"굴드, 「미끼물고기를 진화시킨 조개」, 『다윈 이후』, 146쪽는 것이다. 즉 초반에는 물고기와 비슷하게 생기지 않는 피막이 규칙적으로 펄럭이면서 물고기를 유혹했다. 하지만 이것으로 물고기를 유혹하기는 힘들었다. 한편 그 피막에는 또 다른 기능이 있었다. 바로 '유생들에게 산소를 공급하는 역할을 하거나 유생이 방출된 후에 물에 떠 있도록' 하는 기능이 있었던 것이다. 때문에 미끼물고기의 초기 단계가 자연의 시험대를 무사히 통과할 수 있었고, 미끼물고기가 될 수 있었다.

미끼물고기가 진화될 수 있었던 중대한 비밀은 외투막이라는 하나의 구조에 두 가지 기능이 동시에 존재했다는 점에 있다. 즉, 중복성 때문이다. 이로서 점차적으로 구조를 변화시키는 과정 속에서 기능전환을 꾀할 수 있었다. 기능의 중복성이 물고기와 똑같이 생긴 미끼물고기를 만들도록 한 것이다. 굴드는 람프실리스에서 볼 수 있는 '중복성'이 진화에서 매우 중요한 역할을 해왔다고 역설한다.

Exaptation

굴절적응

불완전성을 향한 진화

굴절적응, 임시방편의 땜질로 가득 찬 진화

역사의 제약 때문에 숙명적인 불완전함을 지녔지만, 이를 수용하는 데 그치지 않았던 생명. 그들은 자신들의 유전자와 신체 속에 존재하는 중복의 원칙들을 선택하고 사수했다. 그들은 불완전한 조건에서 진화해 감을 넘어, 불완전함을 향해 진화했다. 생명은 역사적 제약으로 인한 불완전함을 제거하고 수정할 수도 있었다. 하지만 그들은 그렇게 하지 않았다. 생명은 자신들의 신체를 애매모호하고 엉성한 중복성의 장으로 만들었다. 보다 더 불완전해지려 했던 것이다. 불완전함을 더 불완전하게 만드는 순간, 생명에게 불완전함은 더 이상 한계나 제약이 아니었다. 불완전함을 향해 진화했던 생명은 불완전함에 대한 의미를 완전히 바꾸어 놓았다.

불완전함은 결연하게 받아들여야 할 숙명적인 현실조건을 넘어 창조성을 가져다주는 생명의 도약대이자 진화의 원천이 된다. 물려받은 불완전한 신체는 차출과 변환의 메커니즘을 행할 수 있는, 날림식의 땜질과 임시방편의 미학을 마음껏 구현할 수 있는 유연한 장이었던 셈이다. 이러한 땜질의 방식은 생명이 수없이 변화하는 환경 속에서 그들의 삶을 존속시키고 열어 가는 근본적인 삶의 방식이 되었다. 또 한편으로, 땜질의 장 속에서 불완전함은 끊임없이 추가되고 생산되었다. 이는 다시금 생명에게 창조의 원천이 되었다. 결국 불완전함은 생명을 가능케 하는 생의 양식이

자, 생명을 생명답게 만드는 토대였던 것이다.

생명은 불완전함을 향해 진화함으로써, 즉 불완전함을 끊임없이 생산함으로써만 존재할 수 있었고, 그렇게 지금껏 존재해 왔던 셈이다. 결국 불완전함이 또 다른 불완전함을 생산하는, 불완전함을 끝없이 생산하는 방식이 생명의 존재방식이 되었다. 굴드는 이렇게 불완전함을 향해 진화하는 생명의 모습을 '굴절적응'이라는 말로 표현했다.

우리는 다른 기능들로 진화한(혹은 아무런 기능도 없는 상태인) 특징들이 이후에 현재의 유용한 역할을 담당하게 되는 경우를 굴절(ex)-적응(aptation)이라고 부른다. 그 특징들은 현재에는 적합하다, 즉 aptus(적합)하다. 그러나 그들은 현재의 유용성을 위해 만들어지지 않았다. 그러므로 not ad aptus이다. 혹은 선택에 의해 적합해지는 방향으로 나아가지도 않았다. 그들은 다른 이유 때문에 존재했던 형질 덕택에 현재 유용한 형질을 갖게 되었다. 그러므로 다른 이유로(ex) 존재한 형태 때문에 적합(aptus), ex aptus인 것이다. 일반적으로 고정된 적합한 상태를 부를 때는 적응(adaptation)이 아닌 '적합'(aptation)이라 말해야 한다.Stephen Jay Gould and Elisabeth S. Vrba, "Exaptation—a Missing Term in the Science of Form", *Paleobiology*, Vol.8, Issue 1, Winter 1982, pp.4~15

굴절적응이란 어떤 생물에 존재하는 기존의 특성이 새로운 기능적 목적을 위해 이용되는 것을 말한다.리처드 요크·브렛 클라크, 『과학

과 휴머니즘: 스티븐 제이 굴드의 학문과 생애』, 김동광 옮김, 현암사, 2016, 76쪽 굴절적응
은 어떤 기능을 향해, 구체적으로 특정한 용도에 따라 만들어지
는 적응(ad+aptus, toward a fit, for a particular role)이 아니다. 그
것은 특정 기능에서 벗어난, 특정한 역할을 위해 만들어지지 않
은(ex+aptus) 것이 굴절되어(ex) 적합해지는(-aptus) 굴절적응
(exaptation)이다. 즉 굴절적응은 지금의 적합함(aptus)에 이르기
까지 하나의 목적을 위한 길이 아니라 다른 길을 돌아서(ex-) 온
것이다. 그 다른 길을 돌아서 현재 유용한 기관을 만드는 방법은
아래에서 제시되는 ②와 ③의 방식일 것이다.

　① 자연선택에 의해 진행된 과정.
　② 자연선택 의해 생겨나 특정한 기능을 담당했던 기관이 다른
　기능을 담당하게 된 경우, 즉 기능 전환이 된 경우.
　③ 자연선택의 직접적인 작용에 의해 생긴 것이라 할 수 없는
　비적합 형질이 현재에는 유용한 기능으로 쓰이고 있는 경우. 즉
　아무런 적응적 특성이 없다가 현재에는 유용한 기관이 된 경
　우.Stephen Jay Gould and Elisabeth S.Vrba, ibid 참조

　앞서 제시했던 폐가 부레로 변한 사례는 기능 전환 ②의 예에
해당할 것이다. ③의 대표적인 예는 판다의 엄지일 것이다. 단순
히 신체 구조의 부산물인 판다의 손목뼈는 대나무를 잡을 수 있도
록 착출되었다. 그리고 만약 중복 유전자들이 새로운 기능으로 변
모될 경우, 이 또한 굴절적응의 사례가 될 것이다.

앞서 완벽함을 꿈꾸는 이상주의자들, 적응주의자들이 자연선택에 의한 적응(adaptation)을 이야기한 바 있다. 그들에게 있어 역사적 제약은 완벽한 적응, 완벽한 생명을 가로막는 장애물이며, 중복적인 신체는 불필요하고 비합리적인 부분일 뿐이다. 하지만 굴드가 제시하는 굴절적응 하에서 이 불완전한 것들은 진화의 방해물이 아니다. 굴절적응은 수정과 개선을 모른다. 그것은 온갖 잡다한 천을 기워 붙여 누더기를 만드는 것처럼 임시방편의 땜질로 작동된다. 진화가 일어날수록 생명은 땜질로 가득 찬 변덕스럽고 지저분한 것들의 불완전한 복합체가 된다. 굴드는 이러한 것들의 변덕스러운 집합체, 아무런 쓸모가 없어 보이는, 생물학적으로 말하면 아무런 기능도 갖지 않는, 즉 비적응적인 특징들을 포함한 불완전한 신체 설계들의 집합들을 '굴절적응의 풀'(The exaptive pool)이라 불렀다. 굴절적응의 풀은 조상들로부터 물려받은 역사적 유산으로서, 아무런 쓸모가 없어 보이는 비적응적인 기관, 중복적이고 애매모호한 기관, 쓸모는 있지만 다른 곳으로 착출가능한 기관, 임시방편과 땜질의 결과물들 등등 완전한 설계라면 절대 갖지 않을 불완전한 신체 설계들의 집합이다. 굴절적응은 이러한 저장고를 통해 일어났으며, 스스로 자신의 저장고를 채워 나갔다. 굴절적응 속에서 생명은 불완전함을 토대로 진화함과 동시에 불완전함을 계속 생산해 냈다. 불완전함을 향해 진화했던 것이다.

이러한 진화 속에서 생명은 역사적 대물림(제약)을 통해 갖게 된 '굴절적응의 풀'을 다양한 방식으로 뒤틀고 전환하는 등 기발하고, 창조적인 방법으로 사용했던 것이다. 이것들은 수시로 변해가는 환경 속에 살아가는 생명들에게 무한한 창조성과 가능성의 장을 열어주었다. 생명은 이러한 장 속에서 다른 기관을 차출하고, 변환하고, 연결하고, 땜질하면서 자연의 시험대를 통과해나갔다. 이제 불완전함은 자유를 억압하는 제약이 아니라 오히려 그들을 더 자유롭게 하였다.

생명은 불완전함을 원한다

자연선택을 신봉하며, 완전한 생명을 꿈꿨던 적응주의자들, 그들에게 진화는 완전함을 향해 나아가는 진보였으며, 생물들이 처한 환경에 아주 딱 맞는 완벽한 설계를 위한 적응으로의 길이었다. 그런 길에 역사적 제약은 언제나 장애와 방해물로서 불완전함을 만들어 내는 성가신 존재였다. 물론 진화가 불완전하다는 점을 인정하기는 했지만, 그 인정은 불완전함을 긍정하는 것은 아니었다. 그들은 언제나 완전한 생명을 꿈꿨기 때문이다.

반면 굴드는 생명이 완전함을 원하기는커녕 불완전했기에, 아니 그럼으로써만 살아갈 수 있었다고 생각한다. 불완전함을 계속 더해 불완전함을 향해 진화함으로써 생명은 살아왔고 존속해왔다. 불완전함은 생명의 원동력이자 그들의 존재방식이 되었다. 오랜 생명의 역사 속에서 완전함은 생명에게 독이 되었다.

동물이 이상적으로 연마된 존재라서 하나의 부분이 하나의 일을 완벽하게 맡는다면, 진화는 일어나지 않을 것이다. 아무것도 변하지 않을 테니까(변하더라도 전이 중에 핵심 기능을 잃을 테니까.) 또 생명은 순식간에 종말을 맞을 것이다. 환경이 변해도 대응하지 못할 테니까. 굴드, 「뜨거운 공기 가득」, 『여덟 마리 새끼 돼지』, 169쪽

시시때때로 변화하는 생명의 역사 속에서 완벽함이야말로 무능력이다. 완벽함은 환경변화에 대처할 있는 유연성을 가지고 있지 않기 때문이다. 산만하고, 애매모호하고, 중복성이 존재하는 불완전함이야말로 생명의 역사를 살아갈 최고의 능력인 것이다. 오랜 생명의 역사에서 이러한 불완전함의 가치를 체득한 생명은 이를 자신의 존재기반으로 받아들였고, 끊임없이 불완전함을 선택했다. 그들에게 불완전함은 생존의 필수조건이다. 그들은 계속 살아가고, 진화하려면 불완전해야 한다는 것을 안다. 그들은 완전함보다는 불완전함을 원했다. 그리고 계속 불완전해지고자 한다. 완전하지 않기 위해서, 바로 살기 위해서.

스티븐 제이 굴드의 '생물'학 : 이단과 잉여를 옹호하다

과학, 일반화의 영토

굴드는 뭇 앏, 그리고 일반적인 과학이 보여 줄 수 없는 새로운 장을 우리에게 선사한다. 대개 과학은 우주 만물에 두루 해당하는 일반적 법칙, 자연의 거대한 패턴을 밝히는 데 주력한다. 이렇게 일반성을 그 목표로 삼는 과학은 세계에 존재하는 각기 다른 다양한 개체들과 그들의 삶을 획일화한다. 때문에 각기 다른 개체들과 그 계통들만이 지니는 독특함과 그들 삶의 생생한 현장들은 일반성 속에 사장되어 버린다. 사실 개체들은 일반성에 앞서 존재하며, 일반성이란 이러한 개체들이 추상화되어서 만들어진다. 대지에 뿌리내리고 생명의 빛을 발하는 살아 숨 쉬는 개체들이 실제로 존재하는 개체들이다. 하지만 일반적인 과학 연구의 장에서는 역설적으로 일반화된 무엇이 실제인 양 취급되며, 삶 위에 뿌리내리고 있는 생생한 개체들을 지워 나가고 있다. 이것이 바로 과학이 행하는 일반화다.

세부에 신이 깃들다 : 생물'학'에서 '생물'학으로

굴드는 일반화의 장 속에서 생물들 각각이 지닌 유일무이한 세부에 집중하며, 이를 살려낸다. 이러한 작업을 통해 일반화의 장 속에 죽은 듯 존재했던 생물들은 생명의 숨결을 얻고 생생하게 깨어난다. 그가 생생하게 살려낸 생물들은 그의 자연사 에세이들의 단골 소재들이었다. 달팽이에서부터 개구리, 오리너구리, 플라밍고, 키위새, 판다, 반딧불이, 캄브리아기의 기묘해 보이는 벌레들, 공룡, 박테리아, 게다가 역사 속 인물들까지. 그는 생물들의 독특한 세부에 주의를 기울이고 관심을 갖는다. 그는 왜 이런 시선을 갖는 것일까? 굴드의 이야기를 들어보자.

호기심이 강한 영장류인 인간은 눈으로 보거나 손으로 만질 수 있는 구체적인 대상을 맹목적으로 사랑한다. 신이 깃들어 있는 곳은 그 세부이지 순수한 일반성이라는 영역이 아니다. 그런데 우리들은 더 큰 것, 우리 우주라는 더 포괄적인 주제에 도전하고 그것을 파악해야 한다. 그러나 우리는 우리의 관심을 끄는 신기한 세부 사항──지혜의 해변에 널려 있는 예쁜 조약돌──을 통해서만 최선의 접근을 할 수 있다. 진실이라는 바다는 매번 파도를 칠 때마다 그 조약돌 위로 바닷물을 쏟아 붓고, 그때마다 조약돌은 저마다 달그락거리면서 가장 불가사의한 소리를 내며 자신들의 존재를 주장한다. 굴드, 『생명 그 경이로움에 대하여』, 김동광 옮김, 경문사, 2004, 68쪽

만약 신이 있다면, 개체들의 독특한 삶 속에 신이 깃들어 있기 때문이다. 굴드가 보기에 개체들의 생생한 삶의 현장과 독특하고 다양한 면모 속에 바로 자연의 비밀, 생명의 심오한 원리들이 들어 있다는 것이다. 그래서 굴드는 그 비밀을 사소한 개체들의 시시콜콜한 삶, 가장 실제적이고 대지적인 것으로부터 찾았다. 그 대지 속에는 그들의 평범한 일상이 존재하며, 생명의 활력이 넘쳐난다. 굴드에게는 이것이야말로 가장 실제적인 세계다.

굴드는 이 세계 속에 자리했다. 머릿속에 추상으로 존재하는 생

물학'을 연구했던 것이 아니라 살아 숨 쉬는 생물들과 그들의 삶, 그야 말로 '생물'학을 공부했다. 이를 통해 그는 생물 개개가 얼마나 근사하고 경이로운지를 가슴으로 느낀다. 굴드가 이들을 어찌 일반화와 획일화의 장 속에 넣어 그들의 삶을 말살시켜 버리겠는가? 이러한 과학의 일반성의 영토에서 사라져 가는 사소한 개체들이 굴드는 안타깝다.

'어떤 대가를 치르고라도 방어해야 하는 영토'

굴드는 과학의 추상적인 일반성을 알렉산드리아 도서관의 책들을 파괴했던 무슬림 정복자들의 사고방식에 비유한다. 알렉산드리아 도서관은 플라톤과 아리스토텔레스의 저작을 비롯해 고대 그리스-로마의 수많은 저작들을 가지고 있었다. 하지만 전하는 말에 따르면, 그곳은 무슬림 정복자들에 의해 파괴되었다. 그 도서관의 책들을 모조리 불태우면서, 무슬림의 우두머리는 이렇게 말했다고 한다. 책들이 코란을 거스르는 내용이라면 이단인 셈이니 파괴해야 하고, 거꾸로 코란과 일치한다면 잉여인 셈이니 역시 파괴해야 한다. 굴드, 「**이단과 잉여를 변호함**」, 『**여덟 마리 새끼 돼지**』, 483쪽 굴드가 보기에 이러한 무자비한 파괴의 장면은 과학이 행하는 일반화의 과정과 다를 바가 없다.

일반화 과정이 정확히 이렇게 진행되기 때문이다. 일반성을 벗어나는 기묘하고도 사소한 개체들은 이단이기 때문에 무시되어 버리고, 일반성에 부합하는 수많은 개체들은 잉여라는 이유로 의미가 없어진다. 과학은 이처럼 추상적일 뿐인 일반성을 위해, 이 세계에 존재하는 사소한 것들을 잉여라고 이단이라고 낙인찍어 버리고 소멸시킨다. 이러한 방식은 어떠한 기준, 동일성에 근거하여 개개의 생물들을 차이 지우고 분류하는 과학의 논리, 일반성의 영토에서 행해지는 것이다. 하지만 굴드는 이와는 철저하게 다른 영토를 제시한다.

그곳에선 이단이어서 멋지고, 잉여라서 멋지다. '어느 쪽이든 상관없이' 모두가 멋진 세계. 생명체 각각이 살아 숨 쉬며 자신만의 매력을 발산해서 모두가 멋진, 차이 나는 개체들로 넘쳐나는 실제적이고 대지적인 영토, 굴드는 이를 어떤 대가를 치르고라도 방어하고 살려내야 한다고 말한다. 굴드는 생생한 개체들이 살아 숨 쉬는 대지적인 영토를 일반성의 영토로부터 어떻게 살려내고 방어할까?

일반화에 희생된 인물들의 태피스트리를 직조하다

굴드는 과학의 일반성의 칼날 속에서 생물들 개개의 유일무이한 독특성들, 생생한 삶의 현장성을 구해낸다. 굴드는 이들을 어떤 방식으로 구해내고 대변하게 될까? 이는 굴드가 가장 좋아하는 이야기인 역사적 인물들을 살려내는 방식에서 힌트를 얻을 수 있다.

역사에는 최악의 오명을 뒤집어쓴 사람들이 종종 등장한다. 우리는 그들이 어떤 사람인지, 평생을 무얼 하며 살았는지에 관심을 두지 않는다. 우리는 그들을 어느 한순간 결정적인 실수를 했다는 이유만으로 최악의 사람으로 기억한다. 이것이 우리가 역사적 인물에게 쉽게 행하는 일반화이다. 굴드는 이렇게 일반화에 희생된 사람들을 역사 속에서 구명해 낸다.

그 대표적인 사람은 아마도 크로포트킨일 것이다. 크로포트킨 하면 보통 '무정부주의자'를 떠올리게 된다. 그리고 무정부주의자의 이미지는 이를테면 "한밤중에 은밀히 시가지로 잠입해서 폭탄을 던지는 턱수염 기른 테러리스트"굴드, 「크로포트킨은 미치광이가 아니었다」, 『힘내라 브론토사우르스』, 473쪽 같은 흉포한 이미지인 것이다. 게다가 크로포트킨은 또 다른 불명예를 쓰고 있었다. 그는 정치적 이상과 희망을 과학이론에 적용시킨 몽상가이자 사이비 과학자로 진화교과서에 자주 등장한다.

이미 진리로 판정된 진화에 대한 일반적인 설명방식인 다윈의 생존경쟁이론을 거부하고, 자신의 이상에 따라 진화는 서로 돕는(상호부조) 관계에 의해 진행된다고 막무가내 식의 주장을 한 사람, 여기에 중앙집중과 권위에 저항하는 무정부주의, 그리고 낯선 이방인인 러시아인의 이미지까지 결합된다. 바로 미친 과학자의 이미지가 형성되는 순간이다. 굴드는 이 미치광이 무정부주의자를 불러낸다. 그리고 어느 한순간의 이미지에 묶여 버린 크로포트킨의 생애를 해방시켜 준다. 그가 살았던 환경, 그가 가졌던 문제의식, 그가 했던 연구들, 그의 성격 등등을 보며 굴드는 크로포트킨의 생생한 삶 속으로 들어간다. 굴드는 크로포트킨이 왜 다윈을 거부했는지, 어떻게 상호부조의 진화이론을 이야기하게 되었는지 이해한다.

크로포트킨은 "다윈이 경험한 열대지방과는 정반대인 그곳, 가장 맬서스의 관점에 부합되지 않는 환경에서 지냈다. 생물이 드문드문 살고 있고, 그처럼 황폐한 곳에서 간신히 살아갈 터전을 찾은 몇 안 되는 생물종마저 자연재해로 몰살하곤 하는 세계를 관찰한 것이다. 다윈의 유망한 제자로서, 그는 경쟁을 찾아보려 했지만 거의 발견할 수 없었다. 오히려 모든 생물을 똑같이 위협하고 전투나 권투의 비유로는 극복할 수 없는 외부 환경의 엄혹함을 극복하는 데 상호부조가 큰 이득이 된다는 사실을 거듭 확인했다".굴드, 앞의 글, 480쪽 때문에 그는 진화가 생존경쟁이 아니라 만물이 도와 가는 가운데 이루어진다고 주장한 것이다. 크로포트킨의 이러한 주장은 다윈의 진화론이 열대지방이라는 특정 맥락에서 도출된 것임을 드러내 주는 것이기도 했다.

굴드는 이렇게 크로포트킨의 삶 속에서 그가 가졌던 문제의식과 생각들을 드러내 주고, 크로포트킨이라는 사람의 일부분이 아니라, 그가 자신의 일생 동안 만들어 갔던 전체적인 지적 일관성, 그리고 그의 생 전반을 드러내 주었다. 지적 보수주의자들에 의해 하나의 이미지로 난도질되고 재단된 크로포트킨을 그가 살던 생생한 현장으로 옮겨 그의 전체를 드러내 주었던 것이다.

이뿐만이 아니다. 개체들의 생생한 모습을 살려주려면 또 구해야 할 것들이 있다. 그것은 영광스러운 순간에 사로잡혀 영원토록 최고의 영예를 누리는 인물들이다. 이들 역시 불명예스러운 역사 속 인물들과 마찬가지로, 어느 한순간에 영원히 묶여 버렸다. 굴드는 이를 '밤스간스 효과'라 부른다. 빌 밤스간스는 오로지 '1920년 월드시리즈에서 단독 트리플 플레이'를 한 야구선수로만 기억된다. 굴드가 보기에 그는 영광의 순간에 영원히 묶인 죄수가 되어 버렸다. 아무도 빌 밤스간스가 메이저리그에서 12년 동안 주전 이루수로 활약하면서 탄탄한 경력을 쌓았다는 것을 기억하지 않는다. 그를 월드시리즈에서 트리플 플레이를 달성한 영웅으로만 생각하는 것이다. 그의 온전한 삶과 오랜 시간동안 차근차근 쌓아 간 값지고 빛나는 경력들은 화려한 영광의 굴레 속에서 그 빛이 바랬다. 오직 그 위대한 순간에 비추어 그를 바라보는 것, 이러한 시선은 그에게 몹쓸 일을 행하는 것이다. 굴드는 밤스간스가 꾸준하게 만들어 온 그의 야구 인생 전체를 우리 앞에 제시함으로써 영광스러운 순간에 사로잡혀 버린 사람들 역시 생생하게 살려낸다.

이렇게 굴드는 일반화된 영토로부터 개체들이 생생하게 살아 있는 대지적인 영토를 구해낸다. 그러한 영토 속에서 한 개체는 온전하고 전체적인 삶의 모습을 드러낸다. 이는 그들의 전체성을 직조하면서 가능했다. 전체성은 당대의 맥락에서, 그가 맺고 있던 여러 관계 속에서 역사적 인물들이 발붙이고 살았던 당대의 문화적·사회적 정치적인 장, 그 속에서 펼쳐진 그의 다양한 생각들과 지적인 여정들, 그의 친구 관계 등등 그가 맺고 있는 관계망들의 총체들이다. 굴드는 이러한 전체적인 모습들을 그의 다양한 삶의 선분들, 날실과 씨실들을 가지고 직조하고 구성해 낸다. 굴드는 그들이 발붙이고 살던 가장 실제적이고 생생한 현장 속에 그들을 위치시켰다.

이렇게 실제적이고 생생한 현장 속에서 드러나는 일관된 지적 구조 전체를 굴드는 '태피스트리'라고 부른다. 굴드, 「서른세번째 분열로 생겨난 인간 : 전체성에 관하여」, 『여덟 마리 새끼 돼지』, 176쪽 카펫이나 장식용 벽걸이로 많이 쓰이는 태피스트리. 이것은 색색의 실로 그림을 짜 넣어서 만든 직물이다. 여러 씨실과 날실들이 교차하면서 하나의 전체 작품이 완성되는 것이다. 사람의 사고 구조, 더 나아가 한 사람의 삶은 이와 같은 것이다. 온갖 다양한 생각들이 얼키설키 얽혀서 구성된 나름의 일관적 지적 구조가 만들어지고, 그가 관계 맺어 왔던 그의 삶의 온갖 선분들이 교차해 바로 '그(그녀)'라는 통합적 존재양식이 직조된다. 바로 '태피스트리'는 어떤 이가 맺고 있는 관계망들의 총체이며, 이런 삶의 선분들이 중첩되고 엮여서 구성된 현실에 대한 통합적 전망이다. 굴드는 이를 한 개체의 전체성이라 본다. 때문에 우리는 한 개체의 전체성, 태피스트리에서 빼져 나온 실 한 올을 가지고 그 사람을 평가할 수 없다. 그것은 한 개체를 그가 발 딛고 있는 삶의 터전, 현실적 맥락으로부터 유리시키는 일이다. 굴드는 그 태피스트리 전체를 조각조각 난도질하는 것을 그 무엇보다도 싫어했던 것이다. 우리는 그 사람의 전체성을, 전체 태피스트리를 보아야 하는 것이다.

이 태피스트리의 전체성은 법칙화된 일반성과는 완전히 다른 것이다. 전체성과 일반성, 이들은 왠지 전체를 다룬다는 의미에서 비슷해 보인다. 하지만 이 둘은 완전히 다른 시선을 가지고 있다. 일반성의 영토는 뭇 삶 속에 존재하는 여러 관계와 맥락들, 그것들이 만들어 낸 유일무이한 개체들에 관심이 없다. 그것은 복잡다단한 관계 속에서 몇 가지 선분, 태피스트리에서 삐져 나온 몇 가닥의 실만을 끄집어 내서 세상에 두루 통용되는 법칙성을 발견하려고 노력한다. 이러한 시선 속에서 생명은 그들이 관계 맺고 있는 모든 맥락들로부터 유리된다. 진공상태 속에서 무색무취의 존재로 자리한다. 죽어 있는 것과 다름없다. 그들은 살아 존재하는 것이 아니다.

반면, 태피스트리의 전체성 속에서 생명은 그 존재 자체와 그가 사는 삶만이 뿜어낼 수 있는 빛을 발한다. 수많은 관계와 그를 만들어 낸 생의 역사 속에서 그는 자신의 통합적이고 전체적인 면모를 드러낸다.

독특성, 전체성 속에 발하는 진실함이라는 빛

이제 굴드에 의해 하나의 개체는 각자가 형성하고 직조한 관계들의 전체성 속에서 비로소 빛을 발하게 된다. 우리는 한 개체의 전체성을 통해 생생한 '그'와 만나게 된다. 그러면서 그가 어떠한 사람인지 우리는 알게 된다. 어떤 한 개인이, 어떤 한 생명체의 전체적인 면모 속에서 풍겨오는 특이한 무엇, 그것은 바로 독특성이다. 독특성은 단순히 다들 비슷한 것 속에서 조금 다른 무엇이 아니다. 일반화의 장 속에서 분류되어지는 각 개체들 간의 차이가 아니다. 독특성은 태피스트리, 전체성의 영역에서서만 발휘된다. 독특성은 전체성을 지닌 개체에게서 나오는 다른 무엇과도 비교될 수 없는 존재의 대체불가능성이자, 유일무이함인 것이다. 우리는 오로지 그것만이 발휘할 수 있는 그 개체의 독특함을 보며 이것에 경이로움을 느끼게 된다. 그가 그 나름대로 자신의 삶 속에서 최선을 다하며 자신의 일관되고 통합적인 구조를 만들어 왔다는 점, 그 속에서 그만이 가지고 있는 탁월함을 보여 주고 있다는 점에서 그들에게 경탄하는 것이다. 굴드는 이러한 감정의 정체를 '진실성'이라고 부른다.

진실성(authenticity), 굴드에게 이것은 "진품에서 느끼는 평온한 만족감" 굴드, 『카운터와 케이블카』, 『여덟 마리 새끼 돼지』, 339쪽을 만들어 내는 핵심요소이다. 우리가 진짜 앞에서 평온한 만족감을 느끼는 이유는 진품만이 줄 수 있는 독특함 때문이며, 그로부터 생생함과 현장성을 느낄 수 있기 때문이다. 생생함과 현장성은 우리를 살아 숨 쉬는 것과 만나게 해준다. 그래서 그것이 뿜내는 활력과 생명력에 우리는 무장해제되고 편안함과 만족감을 느끼는 것이다. 그 작품은 그것이 만들어진 맥락과 작가, 그동안 지나쳐 온 세월과 장소, 그것이 다른 것들과 맺는 관계들, 이 모든 시간과 공간의 관계성의 총체를 담고 있고, 이 전체적인 맥락 속에서 자신의 독특함으로서 그것 자신의 빛을 발하고 있다. 독특함은 전체적인 관계성으로부터 나온다. 그것과 동일한 것이 복제되었다 하더라도, 그것과 동일한 생생한 빛을 발하지는 못한다. 왜냐하면 복제품에는 원본이 지니고 있는 관계들의 전체성이 없기 때문이다. 굴드는 진실성을 샌프란시스코의 오래된 케이블카에서 느낀 바가 있다. 샌프란시스코에 여행을 간 뉴요커 굴드는 출퇴근자들과 함께 케이블카를 탄다.

케이블카를 타고 가면서, 나는 오래전부터 흥미를 느껴온 심리학적 수수께끼에 관해 숙고했다. 진실성은(순전히 관념적인 주제다) 어째서 우리에게 크나큰 매력을 발휘하는가? …… 완벽하게 복제된 케이블카가 디즈니랜드에서 더 가파른 경로를 운행한다 해도, 그것은 한낱 어린애 노리개일 뿐이다. …… 그래도 나는 신분을 감춘 채 7시 반에 케이블카에 올라서, 케이블카를 일터로 향하는 대중 교통수단으로 사용하는 샌프란시스코 주민들과 함께 여행하는 게 좋다. 케이블카가 차이나타운을 둘러갈 때는 등교하는 아시아계 학생들이 올라타고, 말쑥하게 차려입은 중역들도 월 정기권을 쥐고 올라탄다. 굴드, 「카운터와 케이블카」, 『여덟 마리 새끼 돼지』, 337-338쪽

굴드가 탄 샌프란시스코의 출근용 케이블카는 낡고, 지저분할지는 몰라도, 그 지역 사람들의 삶이 뿌리박고 있는 것이다. 케이블카가 그 사람들과 함께했던 오랜 세월은 그 어떤 것으로도 대체될 수 없는 것이다. 그 장소에 존재해 왔던 바로 이 케이블카는 학생들이 등교하면서 와자지껄 떠드는 장소이기도 했고, 어떤 회사원이 꾸벅꾸벅 졸기도 하고, 커피를 쏟기도 하고, 퇴근하면서 맛있는 저녁식사를 상상하기도 했던 장소다. 이 케이블카의 진실성은 출퇴근자의 사소한 일상의 면면들과 함께 오랜 세월 동안 구성되어져 왔다. 이렇게 그 케이블카 속에는 모든 사람들과 함께 만들어 갔던 관계의 총체, 시간성, 공간성, 그 일상의 생생한 현장성이 녹아 있는 것이다. 만약 이 케이블카를 다른 곳에 복제하여 전시한다면, 그 케이블카의 모든 현장성, 맥락들은 산산조각 나 버려 볼품없게 보일 것이다.

이렇게 굴드는 태피스트리의 영토 속에서 독특성, 그로부터 얻는

'진실함'의 감정을 말하고 있는 것이다. 이는 굴드의 과학연구에서도 마찬가지였다. 굴드는 과학연구를 통해 개개의 생명체들을 진실성으로 발하게 한다. 개개의 생명체들이 살아온 시간적인 연속성 속에서, 그들이 살아왔던 환경과 그것들과 관계 맺었던 다양한 생물들 속에서 그 개체의 전체성을 드러내 주었다. 그 전체성 속에서 생명들은 독특하며 유일무이한 존재가 되었다. 다섯 개의 눈과 앞으로 돌출한 노즐을 가진 오파비니아(Opabinia), 당시로서는 최대의 동물로 원반 같은 턱을 가진 무서운 포식자 아노말로카리스(Anomalocaris), 그 이름에 걸맞은 해부학적 구조를 가진 할루키게니아(Hallucigenia) 등의 고생대 캄브리아기의 동물들부터 판다의 엄지, 오리너구리의 부리, 자신의 위 속에 알을 품는 레오바트라쿠스 개구리, 플라밍고의 미소, 닭의 이빨과 말의 발가락, 얼룩말의 얼룩무늬, 하이에나의 생식기, 큰 뿔을 가진 아이엘엘크 등등에 이르기까지. 굴드는 이들을 생명의 대지 위에 뿌리내리게 했으며, 이들을 살아숨쉬게 했다.

태피스트리의 전체성을 중시하는 굴드의 시선은 수많은 생명들의 독특성을 돋보이게 한다. 굴드는 이들이 사는 현재, 이들을 만들어 온 과거의 역사적 유산들, 그들이 살아온 공간, 즉 장구한 시간과 공간을 직교시킨다.(11장에서 굴드가 제시하는 우연성의 과학, 역사적 과학이 목표로 하는 것은 바로 어떤 사건과 존재들의 전체성을 구성하는 일이다. 11장과 비교해 보시길.) 그 속에서 개개의 생물들의 목소리가 생생하고 현장성 있게 들려온다. 그들 제각각이 너무나 경이롭고 아름답다. 굴드는 생명'들'에게 더 많은 빛을 비추고 싶다. 메어 리히트(Mehr Licht)! 더 많은 빛을! 생명'들'에게. 굴드, 「잎들에게 더 많은 빛을」, 『여덟 마리 새끼 돼지』, 235쪽

Punctuated Equilibrium

단속평형

자연은 도약한다

다윈의 신념, 자연은 도약하지 않는다!

찰스 다윈의 위대한 책, 『종의 기원』이 서점 진열대에 오르기 전, 친구이자 후배 학자 토머스 헉슬리는 다윈에게 편지를 보낸다. 그 편지에는 다윈이 어떤 위기에 처하더라도 그를 적극 지지하겠다는 결연한 응원의 메시지가 담겨 있었다.

"불가피한 경우에는 화형에 처해질 각오도 하고 있습니다.……
저는 언제라도 쓸 수 있도록 손톱과 부리를 갈고 있습니다." 동시에 헉슬리는 이런 경고도 잊지 않았다. "당신은 Natura non facit saltum라는 말을 너무도 철저하게 받아들여서, 그로 인해 불필요한 어려움을 당해 왔습니다." 흔히 칼 폰 린네가 한 말이라고 알려져 있는 이 라틴어 구절은 "자연은 비약하지 않는다"는 의미이다. 다윈은 이 오래된 표어의 충실한 신봉자였다. 지질학에서 점진론의 사도인 찰스 라이엘의 영향을 받은 다윈은, 진화를 그 누구도 살아서 목격할 수 없을 정도로 느린 속도로 진행되는 장중하고 정연한 과정이라고 생각했다. 다윈은 선조와 그 후손들이 '가장 미세한 단계들'을 형성하는 '무한히 많은 이행의 고리'를 통해 이어진다고 생각했다. 따라서 이러한 완만한 과정을 거쳐 많은 것이 이루어지려면 엄청난 시간이 필요한 것이다. 굴드, 「진화적 변화의 단속적 본질」, 『판다의 엄지』, 43~244쪽 헉슬리는 소중한 친구에게 충고도 잊지 않았다. 그는 다윈이 "자연은 도약하지 않는다"(Natura non facit saltum)라는 구절을 굳게 믿고 있음으로 해서 겪지 않아도 될 어려움을 자초하고 있다고 지적한다. 다윈은 다양한 생명체들을 형성해 왔던 진화의 과정은 '철저히' 이러한 원리를 따른다고 생각했다. 다윈에게 진화란 미세한 변화들의 연속적인 축적이 새로운 종을 분기시키는 과정이었다. 미세한 변화들의 연속적이고 연쇄적인 축적이 새로운 종을 분기시킨다. 커다란 변화는 언제나 작은 변화의 축적으로 만들어지지, 작은 변화에 선행할 수 없다. 이렇게 작은 변화들의 합이 커다란 변화를 만든다고 생각하는 것을 점진주의(gradualism)라고 한다. 다윈은 진화의 모습을 오로지 점진주의의 시각으로만 그렸다. "Natura non facit saltum"는 생각을 고수하는 다윈의 모습을 보고 헉슬리는 매우 걱정스러웠다. 헉슬리가 보기에 다윈의 철저한 믿음은 그의 이론을 쉽게 위기에 빠뜨릴 수 있었다. 그것은 조그만 예외에도 쉽게 무너질 수 있었기 때문이다.

화석 기록이 보여 주는 것은?

다윈이 살던 시대는 지질학의 시대라고 불릴 만큼 지질학이 급속도로 발전하고 있는 시대였다. 켜켜이 쌓여 있는 오랜 암석층들이 발견되었고, 땅 속으로부터 새로운 생물화석들이 발견되었다. 그런데 당시에 발견된 화석 기록은 다윈의 견해와는 상반된 무언가를 말하고 있는 듯 했다. 화석 기록은 매우 단절적이고 불연속적인 양태를 보여 주었다. 화석 기록을 보면, 중간형태나 이행단계의 화석들이 발견되지 않았다. 그것은 마치 매우 단순한 생물이 등장하다가 갑자기 복잡한 생물이 등장하는 것처럼 보였다. 또 어떤 생물들은 점차적으로 수가 줄다가 종적을 감추는 게 아니라 순식간에 사라진 것처럼 보이기도 했다. 이와 같은 불연속적인 화석 기록은 당시 지질학이 내놓은 '있는 그대로의 현상'이었다.

특히 당시에는 캄브리아기 지층의 화석이 이슈였다. 캄브리아기 지층은 당대로서는 화석이 발견된 가장 오래된 지층이었다. 이 지층에서는 삼엽충과 같은 복잡한 생물들이 등장했다. 반면 선(先)캄브리아기의 지층에서는 어떠한 생명의 흔적이나 화석도 발견되지 않았다. 그렇다고 해서 선캄브리아기 지층을 무시할 수는 없었다. 그 시기는 짧은 시기가 아니었다. 선캄브리아기는 지구 역사의 약 80퍼센트에 이를 정도로 긴 기간을 차지했다.

당대의 화석 기록만 놓고 본다면, 캄브리아기 이전에는 생명의 흔적조차 찾을 수 없다가, 캄브리아기에 들어와서 난데없이 복잡한 동물들이 등장한 형국이었다. 이런 상황에서 캄브리아기 화석은 종종 창조론의 증거로 활용되었다. 창조론자이자 지질학자인 "로드릭 임페이 머치슨은 캄브리아기 폭발이 신이 생물을 창조한 순간이 분명하다고 생각했다." 굴드, 『생명 그 경이로움에 대하여』, 79~80쪽

캄브리아기 지층을 비롯한 화석 기록에서 일반적으로 나타나는 불연속성은 다윈에게 커다란 고민거리였다. 불연속적인 화

석 기록은 다윈의 점진주의적인 진화이론을 반증하고 있었고, 이에 더해 캄브리아기 화석은 선캄브리아기의 화석이 발견되지 않는다면 도저히 해결할 수 없는 최대의 난제였기 때문이다. 다윈 입장에서는 불리한 상황이었고 위기였다. 하지만 다윈은 당대에 발견된 자명한 사실, 불연속적인 화석 기록이 존재했음에도 점진론적인 신념을 굽히지 않았다. 그런가 하면 헉슬리는 지질학적인 기록, 화석 기록이 다윈의 이론과 불일치한다는 점을 잘 알고 있었다. 또 진화를 설명하는 데 점진론이 필수적이라 생각하지 않았던 헉슬리는 엄연한 화석 기록이 존재하는데도 불구하고, 엄격한 점진주의적 신념을 철저하게 고수하는 다윈이야말로 스스로 어려움을 자초하는 사람이라 생각했다. 그렇게 함으로써 새롭게 수용되어야 할 이론이 괜한 비판과 비난의 소용돌이 속에 빠지게 될까봐 염려했던 것이다. 그런데 분명히 자신의 이론을 반증하는 화석 기록이 존재했음에도 불구하고, 다윈은 어떻게 점진주의적인 이론을 고수할 수 있었을까?

다윈의 잃어버린 세계를 찾아서

지금 돌이켜봐도 다윈의 대응과 기획은 담대하고 무모해 보이기까지 하다. 다윈은 화석 기록의 불완전함을 주장하며, 이 불리한 상황을 빠져 나갔다. 모든 생물들이 모두 화석화되는 것도 아닐뿐

더러, 생물들이 화석으로 남는 일이 그리 쉬운 일이 아니다. 생물이 죽고 난 후 썩지 않아야 화석으로 남는데, 그렇게 되려면 그 생물은 무산소 상태의 진흙더미 속에 매장되어야 한다. 이는 극히 드문 일이다.굴드, 『생명 그 경이로움에 대하여』, 89쪽 참조 화석 기록의 불완전함은 당연한 것이었다. 그리하여 다윈은 화석 기록이 일반적으로 보이고 있는 불연속성, 그리고 도저히 설명할 수 없는 문제였던 캄브리아기 화석의 특별함이 화석 기록이 불완전하기 때문에 생긴 문제라고 지적했다. 다윈의 주장은 선캄브리아기에도 캄브리아기의 복잡한 생물로 진화해 가는 전이형의 생물들이 살았을 테지만, 그들은 알 수 없는 이유로 화석으로 남지 않았거나, 아직 발견되지 않았다는 것이다. 그러곤 이를 현재로서는 설명할 수 없는 문제로 남겨두었다.찰스 다윈, 『종의 기원』, 송철용 옮김, 동서문화사, 2013, 347쪽 참조 화석 기록이 불연속한 지점, 특히 선캄브리아기는 다윈에게 '잃어버린 세계'나 다름 없었다. 그 세계는 중간 이행형의 화석들에 의해 되찾아져야 하는 세계였다.

　　다윈의 이러한 대응은 '분명 있는 그대로의 기록'을 무시한 것이다. 하지만 그의 입장과 그가 처한 맥락을 이해하지 못할 바도 아니다. 다윈이 점진주의에 그토록 집착한 이유는 그가 창조론과 경쟁하고 있었기 때문이다. 도약이나 불연속적인 변화를 이야기하지 않음으로써 종의 탄생 이론에 창조론자들이 개입할 여지를 남겨두지 않았던 것이다. 다윈은 자연선택에 의해 점진적으로 행해지는 소규모 변이의 축적을 통해 진화를, 그리고 놀라운 생명체의 신체 구조나 능력들을 설명하려 했고, 이를 통해 진화에 어떠한 초월적인 것이 개재할 수 없도록 만들었다. 점진주의를 통해 그는 진화를 오로지 자연 내부의 원인으로 설명할 수 있기를 원했다.

다윈 이후, 세월이 흘러 20세기가 되었다. 다윈의 이론은 건재했고, 새로운 변신을 시도하고 있었다. 1930~40년경, 다윈 이론은 집단 유전학, 고전 형태학, 계통분류학, 발생학, 생물지리학 그리고 고생물학의 고전적 연구 등과 결합되었다. 그 결합의 결과 신다윈주의가 탄생했다. 이는 생물학계의 정통이론으로 자리매김했다. 다윈의 정통후계자를 자처하는 신다윈주의자들은 다윈의 점진주의를 하나의 굳건한 신조로서 받아들었다. 그리하여 그들, "정통 신다윈주의의 신봉자들은 …… 완만하고 연속적인 변화를 기반으로 생명의 역사에서 진행되는 가장 깊은 구조적 변화도 본질적으로 같을 것이라고 생각한다. …… 대진화(macroevolution)는 소진화(microevolution)의 연장에 불과하다는 것이다. …… (예를 들면) 파충류는 무수히 많은 변화를 매끄럽게 그리고 순차적으로 거쳐 200만~300만 년 만에 조류가 될 수 있을 것이다." Gould, Hen's Teeth and Horse's Toes, p.255

이렇듯 현대의 신다윈주의자들은 다윈의 점진주의를 철저히 받아들였다. 하지만 그렇다고 해서 다윈이 풀지 못한 화석의 불연속성 문제가 해결된 것은 아니었다. 그들은 위대한 선배가 제시한 "잃어버린 세계"를 회복하려고 노력했다. 이러한 노력을 가능하게 했던 것은 외삽법(extrapolation)이라는 사고형태 덕분이다. 이 사고방식은 다윈은 물론이고 후대의 후배들에게까지 이어졌다. 화석 기록과 역사를 바라보는 전형적인 다윈주의의 전제로 자리하게 되었다. 스티븐 제이 굴드는 이러한 외삽법을 다윈주의의 중요한 버팀목이라고 말한다.

> 연속주의 관점은, 진화에서 일어난 모든 대규모 현상이 우리가 현대의 개체군에서 관찰하는 작은 변화의 장구한 시간에 걸친 누적으로 일어날 수 있다는 다윈의 독특한 주장으로 지금도 진화론에서 정설의 지위를 유지하고 있다. 나는 이 전통적 관점을 외삽주의자(extrapolationist) 논변이라고 부른다.**굴드, 「플레밍 젱킨을 다시 생각하다」, 『힘내라 브론토사우루스』, 494쪽**

외삽법은 수학 시간에 많이 쓰던 사고방식 중 하나다. 만약 2, 4, 6, 8, 10 다음에 어떤 숫자가 나올지 묻는다면, 우리는 바로 12이라고 답할 것이다. 또 2 앞으로는 어떤 숫자가 나올지 묻는다면, 0이라 답할 것이다. 이렇게 '2, 4, 6, 8, 10'이라는 숫자 배열에서 우리는 규칙성을 발견한다. 그렇게 얻은 규칙성을 통해 그 숫자배열의 외부, 앞과 뒤에 나올 숫자를 예측한다. 이러한 방법을 외삽이라 한다. 우리가 이 문제에 바로 대답할 수 있었던 것은 바로 외삽법에 익숙하기 때문이다. 신다윈주의자들은 이와 같은 외삽법을 중요한 방법론으로 쓰고 있다. 그들은 '2, 4, 6, 8, 10'과 같이 현재 관찰할 수 있는 사실들로부터 추론할 수 있는 규칙성을 과거의 시간으로 확장시킨다. 때문에 '잃어버릴' 세계가 존재할 수 있는 것이고, 그 세계를 되찾고 회복하려는 노력이 가능한 것이다.

라이엘의 균일론, 점진론을 세우다

외삽을 통해 생명의 역사를 기술하는 연구방법에는 반드시 필요한 가정과 전제가 있다. 이는 다윈이 발견해 낸 독특한 것이 아니었다. 다윈은 그의 학문적 영웅 라이엘로부터 자연을 바라보는 관점과 학문적 방법론을 받아들였다. 지질학자로서 학계에 데뷔한 다윈에게 당대의 유명한 지질학자인 찰스 라이엘은 선망의 대상이었다. 라이엘은 지질학에서 몇 가지 가정을 통해 과거의 지질학적 변화를 설명한다. 굴드는 그 첫번째 전제를 이렇게 설명한다.

현재 지구 표면에서 진행되고 있는 작용들로 과거의 사건들을 설명해야 한다.(시간에 구애되지 않는 지질학적 작용의 균일성). 오직 현재의 과정만이 직접 관찰될 수 있다. 따라서 현재에도 진행되고 있는 과정의 결과로 과거의 현상들을 설명할 수 있다면 모든 것이 해결될 것이다.굴드, 「균일론과 격변론」, 『다윈 이후』, 214쪽

과거의 지질학적 사건은 이미 지나가 버린 일이라 이를 다시 재현해 낼 수 없다. 우리는 오직 현재의 일만 관찰할 수 있다. 때문에 현재의 사건으로 과거의 사건을 거슬러 추적할 수밖에 없다. 자연이 어떻게 진화해 왔는지 현재의 관점에서 과거를 설명하려면, 반드시 과거나 현재가 똑같아야 한다는 가정이 필요하다. 만

일 과거의 양상이 현재의 양상과 다르다면, 과거를 설명하는 시도 자체가 불가능할 것이다. 과거와 현재, 어제와 오늘이 크게 다르지 않을 것이라는 가정하에서, 지질학이라는 학문은 과거에 일어났던 지질학적 변화에 대해 설명하게 되는 것이다. 다윈은 이러한 라이엘의 전제를 과거 생명체들을 설명하는 데 이용했다. 바로 생물들이 변이하는 양상이 오늘이나 어제나 동일하다는 것이다. 어제와 오늘이 동일하다면, 현재 얻어낸 생물 변이의 메커니즘을 과거, 그리고 미래까지 적용시킬 수 있을 것이다. 과거, 현재의 시간 모두가 동질적이고 연속적으로 이어진다는 전제하에서 불변하는 법칙이 가능하게 된다. 라이엘은 이를 법칙의 균일성이라 말한다. 굴드에 의하면 법칙의 균일성은 다음과 같다.

> 법칙의 균일성. 자연의 법칙은 공간과 시간에 따라 일정하다. 철학자들은 오랫동안 자연법칙의 불변성에 대한 가정이 관측할 수 없는 과거로 귀납적 추론을 확장하는 데 필요한 보증이 된다는 점을 인식했다. [피어스(C.S Peirce)가 언급한 대로 귀납법은 관측 가능한 현재에서는 자체적으로 옳고 그름을 판정할 수 있는 방식으로 간주할 수 있으나, 우리는 결코 과거의 과정을 관찰할 수 없으므로 현재 아무리 자주 반복되는 사건이라도 현재의 원인이 오래된 과거에도 동일하게 작용했다는 점을 증명할 수는 없다. 따라서 자연법칙의 불변성에 대한 가정이 필요하다.] 또는 허튼이 놀랄 만큼 직설적으로 기술한 것처럼, "예를 들어 오늘 넘어진 돌이 내일 다시 일어선다면 자연철학(과학)은 끝이 나고 우리의 원리

는 적용되지 않을 것이며 우리는 관찰을 통해 자연법칙을 조사할 수 없을 것이다."굴드, 『시간의 화살, 시간의 순환 : 지질학적 시간의 발견에서 신화』, 이철우 옮김, 아카넷, 2012, 185~186쪽

자연법칙들이 시간과 공간을 떠나서 일정하다는 것, 즉 법칙의 균일성을 가정하지 않는다면 우리는 과거에 대해서 어떤 설명도 할 수 없을 것이다. 그 법칙에 의거하여 과거에 필연적으로 어떤 일이 일어났을 것이라고 설명해야 하기 때문이다. 라이엘은 법칙의 균일성을 통해 과거의 지질학적 사건들을 설명할 수 있었던 것이다. 이 점에서는 다윈도 마찬가지였다. 다윈은 끊임없이 작동하는 자연선택설을 말한다. 자연선택이라는 자연의 시험의 과정은 시간과 공간에 관계없이 언제나 작동한다. 만일 과거에 자연이 행하는 시험의 과정이 중단된 적이 있었다면(법칙이 균일하지 못하게 작용했다면), 다윈이 그려내는 생명사의 패턴은 구성될 수 없었다.

다윈은 라이엘의 연구방법으로부터 생명의 역사를 탐구하는 법을 배웠고, 현재나 과거에 관계없이 불변하는 자연선택이라는 법칙을 가정했다. 그 법칙은 언제나 동일하게 작동했고, 이를 통해 연속적이고 점진적으로 생물의 변이가 축적되어 간다고 생각했다. 다윈은 동일한 시간 속에서 연속적으로 일어나는 매끄러운 변화의 모습을 진화의 모습으로 그리게 되었다. 다윈의 점진주의는 동일한 법칙성, 동질적인 시간성 속에서 구축됐던 것이다.

보이는 게 전부다

라이엘로부터 이어져 형성된 점진주의적 전통 위에서 신다윈주의자들은 생명의 역사를 연속적으로 만들려고 시도하고 있었다. 이에 반기를 든 사람이 있었다. 바로 스티븐 제이 굴드다. 굴드는 곳곳에 산재하는 화석 기록의 불연속성과 캄브리아기 화석들을 점진주의적으로 해석하는 사람들에게 불평불만을 토로한다. 다윈을 탓하면서 말이다. 다윈이 화석 기록의 불완전성을 근거로 있는 그대로의 기록, 화석 기록의 불연속성을 무시하고 난 뒤로, 후대의 과학자들이 모두 다윈과 같이 화석의 불완전성을 핑계로 삼아 실제 자연에서 일어나는 현상 그 자체를 보지 않으려 한다는 것이다. 다윈이 많은 고생물학자들에게 "곤란한 처지에서 벗어날 수 있는 훌륭한 도피처 구실"굴드, 「진화적 변화의 단속적 본질」, 『판다의 엄지』, 247쪽을 마련해 준 셈이다. 그래서 후대의 생물학자들은 화석 기록이 불완전하다는 핑계를 댐으로써, 화석 기록이 보여 준, 캄브리아기 대폭발이 보여 준 도약적인 변화를 무시하고, 이들에게 점진주의적인 사고방식 적용할 수 있었다.

굴드에게 점진주의는 편협하고 통념적인 사고방식이다. 우리는 은연중에 숫자들이 '2, 4, 6,…'와 같이 제시되면 바로 8을 떠올린다. 그런데 빈칸에 들어갈 것이 8이라고 누가 보장하겠는가. 7이면 안 될 이유가 어디 있는가. 하지만 우리는 무의식적으로 언제나 동일한 법칙성과 인과적인 사슬을 떠올리며, 세계 속에 연속적인 선을 긋는다. 지금까지 커졌으니까 같은 속도로 계속 커질 것이라는 생각을 아무도 의심하지 않는다. 굴드가 보기에 그것은 습관적 통념에 의한 예측에 불과하다. 점진주의는 단순히 사유적 습성에 호소하여 빈칸에 8을 채워 넣는 것이다. 그리하여 발견되지도 않은, 실제 없을지도 모르는 중간형의 화석들을 '잃어버린 고리'라고 부르고 이를 찾으려 애를 쓴다. 또 캄브리아기의 복잡한 생물들과 매끄럽게 연결되는 선캄브리아기 화석이 존재해야 한다고 생각하는 것이다. 굴드는 이런 습관적 통념 속에서 벗어나, 있는 그대로의 화석 기록을 받아들이자고 말한다.

물론 굴드가 있는 그대로의 자연현상만 가지고서 모든 연구를 해야 한다고 주장하는 것은 아니다. 자연현상은 매우 복잡하고 다양하며, 서로 모순적일 때가 많다. 그래서 자연현상에 바탕을 둔 이론들을 만들어, 복잡해 보이는 자연현상을 일관되게 바라보려는 노력을 기울인다. 우리가 어떤 이론이나 선입견 없이 순수하고 중립적인 시각으로 자연의 어떤 사실과 만나는 것은 불가능하다. 어떤 관점을 통해서 자연을 마주할 수밖에 없는 것이다. 하지만 자연을 바라보는 관점이 지나치게 통념적이고 관습적이게 되어서, 자연의 현상들을 애써 외면하고 무시한다면 커다란 문제인 것이다. 굴드는 점진주의가 우리의 경직된 사유구조 속에 자리한 통념적인 패턴이 아닌가 질문을 던지고 있다. 그래서 굴드는 "만약 점진론이 자연계의 사실이라기보다는 서양 사고방식의 산물이라면, 편견을 억누르는 영역을 확대하기 위해 변화를 설명하는 다른 원리를 생각할 필요가 있다."굴드, 「진화적 변화의 단속적 본질」, 『판다의 엄지』, 251쪽고 말한다.

현상 "밑에 내재하는 '실재'를 위해서 상식, 그리고 있는 그대로의 현상을 배격"굴드, 앞의 글, 246쪽하는 것, 화석 기록이 보여 주는 불연속성, 공백을 단순히 습관적인 통념과 점진주의적 관점에 의거해 매우는 것은 굴드에게 비합리적이며 비과학적이었다. 관찰할 수 있는 현실을 그 자체로 설명하지 못하고, 이를 외면하고 무시하는 이론이 무슨 의미가 있단 말인가. 이러한 측면에서 굴드는 "보이는 게 전부다! 화석이 보여 주는 그대로를 받아들이자!"라고 말한다. 이러한 메시지는 어찌 보면 평범한 이야기 같지만, 사태의 맥락을 꿰뚫어 보는 굴드의 깊은 통찰력을 잘 보여 준다.

―――――

단속평형, 도약적 종 분화의 메커니즘 : 변화는 단속적이다

―――――

신다윈주의자들이 잃어버린 세계를 찾기 위해 화석 기록들을 무시하고, 생명의 진화를 점진적으로 바라보려고 노력했다면, 굴드의 입장은 이와 정반대였다. 굴드에게 '잃어버린 세계'란 없었다. 있었던 적이 없는데 어떻게 잃어버릴 수가 있는가. 화석 기록상의 공백 혹은 불연속성은 실제 그 자체로 존재했던 것이지, 그 공백을 매울 화석이 아직 발견되지 않았거나 화석화가 되지 않았던 것은 아니었다. 한마디로 화석 기록이 보여 주는 사실 그대로를 수용하자는 것이다.

있는 그대로의 화석 기록은 종의 돌연한 출현과 이후 그 종이 계속 지속되는 양상을 보여 준다. 신종의 돌연한 출현과 이후 변하지 않는 오랜 평형상태, 굴드는 바로 이것이 자연이 우리에게 말하고자 하는 바이며, 진화의 패턴이라고 주장한다. 화석 기록이 불완전해서 화석의 불연속성이 나타나는 것이 아니라, 진화의 패턴이 원래 그렇기 때문에 그러한 공백들이 나타나는 것이다.

굴드는 이런 변화의 패턴을 단속평형(Punctuated Equilibria) 이론으로 설명한다. 어떤 집단의 변이는 평형상태(equilibrium)를 갖다가 정체기인 평형상태를 끝맺는 구두점을 찍고(punctuate) 다른 상태로 도약한다. 어떤 종 집단이 변하지 않고 유지되는 오랜 정체기가 평형의 시기이며, 그 정체기에 마침표(구두점)를 찍고 다른 상태, 새로운 종으로 도약하는 것이 단속(punctuate)이다. 연속적인[續] 과정을 유지하다가 불연속적인[斷] 패턴을 보이는 것, 변화는 이렇게 단속(斷續)적으로 일어난다.

일반적으로 새로운 종은 선조 종의 개체군 전체가 천천히 변형되어 탄생하는 것이 아니라, 오랫동안 변하지 않는 선조의 줄기에서 갑자기 작은 가지가 분리되는 식으로 나타난다. 이러한 종 분화의 빈도와 속도에 대한 서로 다른 견해는 최근 들어 가장 뜨거운 진화론 논쟁 중 하나이며, 대다수 동료학자들은 대부분의 종이 분열을 통해 탄생하기 위해서는 수백 년에서 수천 년이 걸린다고 생각하고 있는 것 같다. 이 기간은 우리들 일상 생활과 비교해볼 때는 무척 길게 여겨질지 모르지만, 지질학적 관점에서 보면 두꺼운 지층에 걸쳐 연속적으로 나타나는 것이 아니라 한 장의 얇은 층 속에 화석 기록으로 나타날 뿐이다. 그 정도의 기간이라면 지질학적 척도에서는 일순간과 같다고 할 수 있다. 만약 어떤 종들이 수백 년 내지 수천 년에 걸쳐 나타나서 그 후 수백만 년 동안 거의 변화하지 않고 존속한다면, 그 종이 출현하는 데 걸린 시간은 그 종의 존속 기간 전체의 1퍼센트에도 미치지 않는 극히 짧은 시간에 불과하다. 그러므로 이러한 종은 시간의 흐름 속에서 볼 때에도 불연속인 실체로 간주되어도 좋을 것이다. 보다 높은 수준에서의 진화는 기본적으로는 이러한 종 수준에서의 여러 가지 차등적인 번영에 대한 이야기이지 각 계통의 느린 변형의 이야기는 아니다.굴드, 「쿼호그는 쿼호그」, 『판다의 엄지』, 291쪽

굴드의 단속평형설에 의하면 각 계통들은 전 역사에 거쳐 거의 변화하지 않는다. 대체적으로 종 내 변이들은 평형상태에 있다. 물론 세대 간에 조그만 변이들은 계속 일어나고 있지만, 그 변이는 축적되지 않고 자신들의 평균적인 특징의 한도 내에서 맴돌면서 정체되어 있다. 이러한 변화의 정체기에는 주목할 만한 큰 변화가 없는 정적인 상태가 지속된다. 그런데 갑자기 몇 백 세대라는 '지질학적 순간'에 새로운 종이 생길 정도로 폭발적이고 불연속적인 변화가 나타난다. 갑자기 큰 변화가 단속적(punctuated)으로 생겨나는 것이다. 종들은 점진적으로 변화하는 대신 "이따금 급격

하게 일어나는 종 분화라는 사건 때문에 그 평온함이 단속된다."굴
드, 앞의 글, 228쪽 참조 즉 종 분화는 급격하나 드물게, 그리고 단절적으
로 발생한다. 그리고 이후에는 장기간에 걸쳐 평형상태가 이어진
다. 굴드가 보기엔 이것이 종 분화의 주요한 패턴이다.

종 분화 같은 큰 변화가 점진적으로 만들어지는 것이 아니라,
지질학적인 일순간에 '갑자기' 일어난다는 것. 다시 말해 큰 변화
가 작은 변화보다 선행하며 일거에 종이 생긴다는 것. 이것은 진
화를 점진적인 과정으로 보는 사람들에게 놀라운 주장이 아닐 수
없다. 하지만 그런 만큼 흥미롭고 주목할 만한 관점이기도 하다.

굴드가 단속평형설을 기념하는 그의 200번째 자연사 에세이
에서 자랑했다시피 그의 동료인 제레미 잭슨과 앨런 치덤은 실제
사례를 통해 단속평형을 테스트한 바 있다. 1990년 『사이언스』지
에 게재된 그들의 논문Jeremy BC Jackson and Alan H. Cheetham. "Evolutionary
Significance of Morphospecies: A Test with Cheilostome Bryozoa", *Science*, Vol. 248, Issue
4955, pp.579~583은 이렇게 끝을 맺고 있다.

먼 유연관계의 이끼벌레 3가지 속에 대한 연구결과의 일관성
은 다음을 시사한다. 메트라랍도토스 속의 이끼벌레에서 과거
에 보고된 바 있는 새로운 형태 종의 갑작스러운 출현 이후에
이어지는 형태적 안정상태의 패턴들은 종 수준에서 진화의 패
턴을 반영하고 있다. 이는 단속평형 모델과 부합한다Stephen Jay

Gould, "Opus 200", *Natural History* Vol. 100 August 1991, pp.12~18 재인용

그들은 메트라랍도토스 속의 이끼벌레의 화석을 조사했는데, 대부분의 종들은 수백만 년 동안 평형상태에 머물렀다. 형태적으로 별다른 변화가 없었던 것이다. 그리고 새로운 종이 중간 단계의 이행종 없이 갑자기 출현했다. 수백만 년 동안의 평형상태, 그리고 평형상태에 마침표를 찍고(puctuate) 도약적으로 일어난 종 분화, 이는 단속평형 모델과 부합하는 것이었다.

점진주의와 다른 길을 가다—불연속성, 새로움의 원천

있는 그대로의 화석 기록을 사실 그대로 받아들이자는 스티븐 제이 굴드, 그는 변화에 대한 새로운 관점으로 가지고 단속적인 변화들이 존재하는 세계에 살고 있었다. 하지만 점진적인 이미지를 쉽게 극복할 수 없는 우리로선 굴드가 말하는 도약적인 변화가 단지 빠르기의 문제로 보인다. 굴드에 반대하는 생물학자들 역시도 비슷했다. 그들, 점진론자들은 "변화의 속도가 일정하다고 생각하는 바보가 어디 있냐"고 반박한다. 점진론이 포괄할 수 있는 변화 스펙트럼은 매우 넓고 연속적이어서, 변화 속도가 매우 느리고 일정한 경우부터 빠르고 급격한 경우까지 모두가 넓은 의미에서 점진론에 속한다는 것이다. 그들에 의하면 굴드는 변화하는 속도가 빠르다고 주장하는 점진론자, 즉 고속점진주의자가 되어 버린다.

하지만 굴드가 말하는 단속적 변화를 단순히 변화 속도가 빠른 경우로 볼 수 없다. 굴드가 1972년 닐스 엘드리지와 함께 쓴 논문 「단속평형: 계통적 점진주의에 대한 대안」(Punctuated Equilibria: An Alternative to Phyletic Gradualism)에서도 분명히 밝혔듯이 그는 점진주의와 완전히 다른 차원에 서 있기 때문이다. 굴드의 단속평형설은 점진론적인 가정('오늘과 어제는 동일하다')과 완전히 배치된다. 그 둘은 공통분모가 없는 완전히 다른 관점과 전제에 바탕하고 있다.

진화론은 "유기체(생명체)의 변화에 대한 이론"_{굴드, 「쿼호그는 쿼호그」, 「판다의 엄지」, 292쪽}, 즉 생명의 역사에서 새로움의 발생을 다루는 이론이다. 어떻게 생명체들이 시간 속에서 변모하는지, 그래서 어떻게 새로운 종이 되는지를 다룬다. 즉 진화적 새로움과 혁신이 어디서 나오는지를 다루는 이론이다. 그래서 점진주의와 단속평형설 간의 차이는 시간과 변화에 대한 철학의 차이이며, 이는 진화사에 대한 세계관의 차이이기도 하다.

점진주의자들은 시간을 부분들로 나눴다가 다시 합쳐도 아무런 변화가 없을 것이라 생각한다. 이는 과거로 시간을 되돌렸다가 다시 재생한다 해도 똑같은 결과가 나올 것이라 보는 것이다. 시간을 결정론적이며, 가역적으로 바라보고 있는 것이다. 왜냐하면 모든 시간을 균질하다고 보기 때문이다. 이러한 시간관에서 점진적 사고방식은 진화적 새로움을 작은 변이들의 점차적인 축적으로 표현할 것이다. 일상적인 시간 속에서 자연선택의 창조성은 새로운 변화를 차근차근 축조해 나간다. 근본적인 새로움은 자연의 모든 장소에 작용하는 자연선택에 의해 매순간 빚어지고 있는 것이다.

반면 변화에 대한 단속적 사고는 점진론적인 전제에 근본적
의문을 던진다. 점진론이 가정한 것처럼 시간과 법칙은 균일한 것
인지, 점진적인 변이들의 축적을 통해 근본적인 변화와 혁신이 가
능한지 질문하는 것이다. 시간과 법칙이 매번 동일한, 차이 없는
반복 속에서 그들은 어떤 혁신을 만들어 낼 수 있을까? 어떤 것들
을 지배하는 근본법칙들이 하나도 바뀌지 않은 상태에서 완만하
게 조금씩 변하는 것이 무슨 의미가 있을까? 또 그런 상태에서 계
속 무언가가 축적된다 한들 새로움이 발생했다고 할 수 있을까?
굴드의 단속적 변화에 대한 세계관은 이러한 의문을 던진다.

일단 굴드에게 시간은 균일한 무엇이 아니다. 이를 단절의 시
간과 평형의 시간에서 볼 수 있다. 종이 순식간에 분화하는 도약의
시간과 그 종들이 안정기를 지니는 평형의 시간은 완전히 질적으
로 다른 시간이다. 굴드는 질적으로 다른 차원의 시간이 존재하며,
변화는 이 질적으로 다른 시간에서 나온다고 보는 것이다.

생물이란 복잡한 기관들로 이루어진 구조를 지니며, 그 구조
는 시간성과 법칙성의 지배를 받는다. 단지 속도만 빠르게 해서는
근본적으로 변할 수 없다. 그것은 동일한 시간과 법칙 속에서 피
상적 변화만 꾀하는 일이다. "공통적으로 정상상태에 있는 복잡
계들은 변화에 강한 저항성"Gould, *Hen's Teeth and Horse's Toes*, p.252을 가
진다. 그래서 변화는 기존의 시간과 법칙들로부터 단절했을 때야
가능하다. 생물들은 변화할 때, 정체기의 시간을 파열시키고, 완
전히 다른 시간성 속으로 도약한다. 그래서 종 분화는 불연속적인

격동의 시기이자, 혁명의 시기와 같다. 모든 것이 일거에 바뀌는 단절과 파열의 지점, 이는 일상적으로 생명에게 작용했던 생태적 법칙과 규범들이 무화되는 순간이기도 하다.

그리고 질적으로 다른 시간성은 단속의 시간에만 있는 것이 아니다. 굴드가 보기에 변화가 일어난 단속(punctuate) 이전과 이후는 전혀 다르다. 평형상태, 안정기이긴 하지만 또 다른 상태로 옮겨갔다. 자연선택은 그 상태에서 작용하지만, 그 변화한 생물은 완전히 다른 양상과 법칙이 지배하는 신체를 가지고 전혀 다른 세계 속에 살아가게 된다. 같은 정체기라도 단속적 도약을 통해 생물들은 다른 시간성을 가진 존재로 이행하는 것이다.

이렇게 점진론자들이 단속적인 변화를 단순히 빠른 속도의 변화로 간주하려고 했지만, 굴드와 점진론자들 사이에는 좁힐 수 없는 근본적 차이가 존재한다. 바로 시간과 변화에 대한 세계관의 차이다. 굴드가 보기에 시간은 균일하게 흐르지 않는다. 그리고 변화는 언제나 불연속성 속에서 생겨난다. 변화란 기존의 것과 단절이며, 다른 시간과 법칙으로의 도약이기 때문이다. 이러한 굴드의 시간관으로부터 우리는 우리 자신에 대해 자문하게 된다. 우리는 어떤 시간관과 변화관을 가지고 살고 있는지, 어떤 변화를 원하고 꿈꾸고 있는지 등을 말이다.

변화는? 단속적으로!

굴드는 자신의 일상에서 경험했던 단속적인 변화 양상을 『진화론의 구조』(*The Structure of Evolutionary Theory*)에서 제시한 바 있다. 그는 이런 변화의 양상을 피아노 연주에서 경험한다. 물론 굴드가 자신의 일상적인 경험을 근거로 단속평형설이라는 과학이론을 주장한 것은 아니다. 하지만 이를 통해 굴드가 변화에 대해서 어떤 관점을 견지하고 있는지 잘 알 수 있다. 또한 이는 그가 자신의 연구와 앎을 일상적으로 풀어내는 부분이기도 하다. 피아노 연습을 열심히 한 굴드는 "변화는 완만하고 일정한 속도로 연속적으로 이루어지기보다는 하나의 안정된 상태에서 다음의 안정된 상태로 빠르게 이행하는 경우가 많다"굴드, 「쿼호그는 쿼호그」, 『판다의 엄지』, 292쪽는 점을 깨닫는다.

내 경험으로부터 비롯된 두 가지 일상적인 예를 들자면, 나는 피아노 치는 법을 배우느라고 성과 없는 몇 년의 세월을 보냈다. 어떤 곡을 마스터하려고 노력할 때면 나는 언제나 좌절했다. 오랜 기간 동안 연습했음에도 불구하고 실력이 아주 조금 나아졌기 때문이다. 그러다가 갑자기 모든 것들이 재빠르게 '결합'되어, 마침내 그 곡을 쳐낼 수 있었다. 정말 기쁜 순간이었다. 또 나는 주로 셰익스피어나 성경을 비롯해서 위대한 시나 문학작품 외우기를 좋아한다. 외우는 도중 나는 이것들을 영원히 기억할 수 없을 것 같았다. 하지만 어느 날, 내가 그 전체의 문단을 외우고 있다는 사실을 알았을 때 매우 기뻤다.

몇 년 후——나의 관심사인 단속평형설 연구에 박차를 가하고 있던 와중에——나는 정체의 유지와 급작스러운 성취가 인간의 배움에 대한 표준적인 패턴을 보여 줄 수도 있겠다고 생각했다. 그리고 나의 앞선 좌절(오랜 정체기), 그리고 나의 기쁨(빠르고, 다소 미스터리한 폭발)은 내가 품었던 (점진적 향상에 대한) 기대에 대해 다시금 생각하게 해주었다. 나는 오랜 기간 동안 매일매일 연습하면 조금씩 나아질 것이라 기대했다. 그것은 잘못된 것이었다. Gould, "Punctuated Equilibrium and the Validation of Macroevolutionary Theory", *The Structure of Evolutionary Theory*, p957

굴드는 몇 년 동안 피아노를 연습했다. 매일매일 연습한다면 시간이 지날수록 조금씩 나아질 것이라 생각했다. 하지만 실력이 조금씩 늘기는커녕 아무런 성과도, 아무런 변화도 없어서 굴드는 좌절하게 되었다. 그렇지만 어느 순간 자신의 피아노 실력이 도약적으로 발전했다는 걸 느꼈다. 아무리 연습해도 피아노 실력이 원래 그 자리를 계속 맴도는 평형상태(equilibrium), 즉 정체기를 가지다가 이 정체기를 끝맺는 구두점을 찍고(punctuate) 다른 상태로 도약한 것이다. 굴드가 좌절한 오랜 정체기가 평형(equilibrium)의 시기이며, 오랜 연습기간의 정체기에 마침표(구두점)를 찍고 다른 상태로 도약하는 것이 바로 단속(punctuate)이다.

이렇게 일상에서 볼 수 있는 단속적인 변화를 통해서 우리는 굴드가 말하는 변화라는 것이 어떤 것인지 잘 알 수 있다. 우리는 생활 속에서 수많은 변화를 꾀한다. 하지만 자신이 가진 기존의 습관이나 신체의 리듬을 동일하게 유지한 채 무언가 변하길 바란다. 단속평형이론의 관점에서 보면, 동일한 상태에 계속 머무르면서 변화하는 것은 불가능하다. 변화란 기존의 평형상태로부터 단절하여 새로운 평형상태로의 도약이다. 여기서 평형상태라는 것은 꽤 안정한 상태임을 말한다. 그것에는 새로운 변화에 저항해 원래대로 돌아가고자 하는 관성력이 있다. 한번 든 습관이 고쳐지기 힘든 것도 바로 이 관성 때문이다. 그래서 새롭게 변화하려면, 기존의 것들로부터 과감하고 단호하게 벗어나는 것이 매우 중요하다.

굴드의 사례에서 보면, 피아노 초보 굴드는 피아노 연주를 잘할 수 있는 신체 리듬을 갖고 있지 못했다. 하지만 굴드는 오랜 기간의 연습을 통해 자신의 신체를 단련하고 변화시켰다. 피아노를 칠 수 있는 리듬을 갖도록 자신의 신체를 재조직화한 것이다. 여기서 피아노 연습기간은 새로운 변화에 저항하는 기존 신체의 관성을 떨쳐내고, 새로운 평형상태를 고정화하고 유지하는 데 걸리는 시간이다. 하루하루의 피아노 연습이 쌓이고 쌓여서 피아노를 잘 칠 수 있게 된 것이 아니다. 피아노 연습은 매일매일 연습할 때마다 100%라는 도달점을 향해, 1%씩 증가해서 98%, 99%에 이르고 결국 100%의 완성에 이르는 과정이 아니다. 그러므로 어떤 일정한 수준(새로운 평형상태)에 도달하지 않는 한 몇 퍼센트의 성취란 아무런 의미가 없다. 즉 피아노를 잘 못 치는 상태에서 50%의 완성, 90%의 완성 같은 단계란 존재하지 않는다. 피아노를 못 치는 것은 못 치는 것이지, 여기에 어떠한 수준이 따로 존재하는 것은 아니다. 그것은 변화(피아노의 실력의 변화와 같은)가 완전히 질적으로 다른 시간과 다른 법칙이 작동하는 새로운 리듬으로의 도약이기 때문이다.

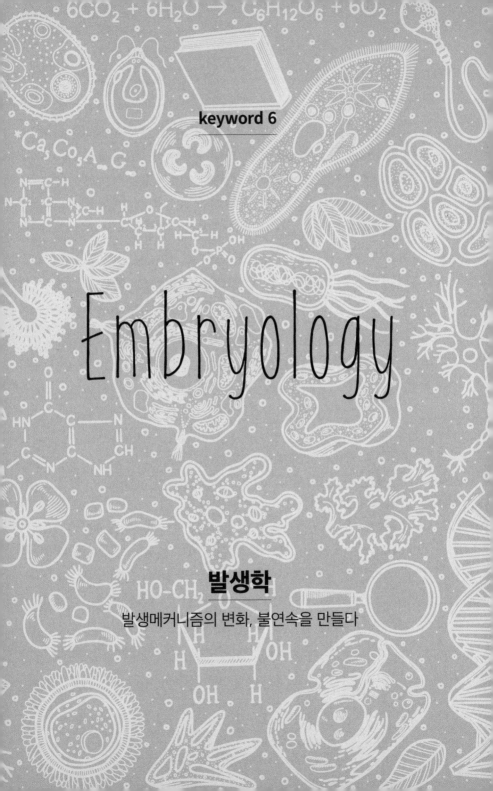

Embryology

발생학

발생메커니즘의 변화, 불연속을 만들다

유전자 발현의 변화, 불연속을 만들다

진화적 새로움과 혁신이 만들어지는 그 도약적인 시간에 생명체에겐 어떤 일이 일어났을까? 굴드는 발생생물학을 통해 이러한 불연속적인 도약의 과정을 클로즈업한다. 생물의 발생과정이 진화에 어떤 영향을 미치는지 살펴보고자 했던 것이다. 진화적 새로움은 형태의 차이에서 비롯되는 바, 생물의 형태가 만들어지는 발생과정은 진화적 혁신이 생겨나는 과정을 살펴보기 좋은 도구였다.

　　신다윈주의를 성립시킨 1930~40년의 현대적 종합은 발생학을 빠뜨리고 있었고, 생물의 형태변화를 진화적으로 설명하는 데 있어 사변적으로 흐를 염려가 있었다. 굴드는 생물에게 일어나는 형태의 진화를 좀더 구체적으로 살펴보기 위해 발생과정, 생물의 형태가 어떻게 만들어지는가에 관심을 기울였다. 발생학과 진화생물학의 이러한 결합은 『개체발생과 계통발생』에서 굴드가 시도하고자 한 바였다.

　　발생(development)은 작은 알이 복잡한 동물이 되는 개체발생의 과정이다. 우리가 보는 생물은 하나의 세포에 불과한 수정란에서 시작해 수십억 개의 세포로 이루어진 복잡한 동물로 된다. 간단한 형태에서 복잡한 형태로 변하는 발생의 과정은 매우 복잡하고 정교하다. 우선 매우 간단한 형태의 수정란에 축이 들어선다. 좌우 축, 등배 축, 앞뒤 축, 이렇게 3차원의 축이 생긴다. 이제 그 방향으로 각 구획들이 세분되고, 그 세분된 구역에 앞으로 어떤 기관이 들어설지가 결정된 운명지도(fate map)가 그려진다. 그곳에 이제 각각의 기관들이 생긴다. 눈이 생길 것이라 예정된 곳에 눈이 생기고, 다리가 생길 것이라 예정된 곳에 다리가 생긴다. 그 과정은 적절한 타이밍과 장소, 즉 시간성과 공간성이 중요하게 작용하는 복잡다단한 지리학적 과정이다.

불가사의할 만큼 복잡해 보이는 이 모든 과정을 가능하도록 하는 것은 도대체 무엇일까? 그것은 호메오 유전자이다. 호메오 유전자는 '구조 유전자'와는 다르다. 구조 유전자가 생명체의 몸 개개의 부분들을 만든다면, 호메오 유전자는 그러한 구조 유전자를 켜고 끄는 스위치, 즉 조절자로서 역할을 한다. 이를 조절 유전자라고도 한다. 호메오 유전자는 실제 몸을 이루는 구조 유전자를 (혹은 어떤 경우에는 하위의 호메오 조절 유전자를) 발생의 전 과정 동안 통제하고, 조절하는 역할을 한다.

호메오 유전자들은 아직 어떤 기관으로 될지 정해지지 않은 수정란의 세포, 미분화된 세포의 운명을 결정짓는다. 예를 들면, 초파리에서 아이리스(eyeless) 유전자는 눈의 발생을 관장한다. 이 유전자가 없으면 눈이 만들어지지 않는다. 또 틴먼(tinman) 유전자는 파리의 심장 형성에 관여한다. 이들 유전자는 세포의 운명을 결정하는 스위치 역할을 한다. 발생의 과정에서 세포의 운명을 결정하고 조절하는 이러한 유형의 유전자를 '마스터 유전자'라고 한다.

호메오 유전자 복합체들은 아리스토텔레스 시대부터 생물학의 커다란 불가사의였던 배아발생의 거대한 복잡계를 유전자 프로그램이 위계적인 구조로 조절한다는 것을 보여 준다. 호메오 유전자들은 각기 다른 몸의 부분들을 제각기 만들어 내지 않는다. 호메오 유전자들은 스위치들이자 조절자들이다; 그들은 구조 유전자들의 전체 구역을 켜는 어떤 신호들(완전히 그 성질이 알려지지 않은)을 만들어 낸다. …… 우리는 조절의 세 가지 위계 수준을 지닌다: 몸의 개개의 부분들을 만드는 구조 유전자들, 구조 유전자들 구역을 켜는 호메오 조절자들, 그리고 호메오 조절자들이 올바른 장소, 올바른 타이밍에 켜지게 하는 더 상위 수준의 조절자들.

발생이 놀랍게도 상위 수준에서 소수의 마스터 스위치가 작동하는 시스템이라면, 결국 우리는 진화에 관한 메시지를 도출해 낼 수 있을 것이다. …… 유전 프로그램은 마스터 스위치와 함께 위계적 층위를 이루고 있고, 그 스위치에 영향을 주는 작은 유전적 변화는 전 신체에 걸쳐 연쇄 효과들을 불러일으킬 것이다. 호메오 돌연변이는 작은 유전적 변이가 그 스위치에 영향을 주고 성체 파리에게서 눈에 띄는 변화를 만들 수 있다는 것을 우리에게 가르쳐 준다. 주요한 진화적 전이과정(희망의 괴물 열광자들이 논한 것과 같이 즉시 모두 끝나지는 않겠지만)은 완전히 변화된 신체로 발현될 작은 유전적 변화에 의해 부추겨질지도 모른다.Gould, *Hen's Teeth and Horse's Toes*, pp.196~197

구조 유전자, 몸의 축과 신체 분절에 관여하는 호메오 유전자, 또 이러한 몸의 형태의 발달들을 총괄적으로 조절하는 상위의 호메오 유전자, 이렇게 위계적으로 구성된 유전자 시스템이 간단한 세포에서 복잡한 세포로의 발생을 이끈다. 이 세 부류의 유전자들은 서로 상호연계되고 얽혀서 정교한 타이밍과 장소성을 반영하는 복잡한 발생과정을 이끈다. 그리하여 우리가 보는 대로의 생물 형태가 빚어지는 것이다.

만약 호메오 유전자에 작은 변화가 일어나면 어떻게 될까? 아마 신체 일부분이 조금 바뀌는 수준이 아닐 것이다. 구조 유전자들이 바뀌는 경우와는 차원이 다른 변이가 생길 것이다. 이는 발생과정을 통제하는 조절 유전자가 바뀌었기 때문이다. 신다윈주의자들은 '구조 유전자들의 변이'를 통해 생물 형태의 변화를 말하며, 변화된 구조 유전자를 지닌 개체들에 의해 종의 분화를 논할 것이다. 그들에게 종 분화는 집단 내의 유전자 빈도수의 변화다. 변화된 구조 유전자를 지닌 변이체들이 다수를 이루어 조상종의 집단에서 떨어져 나오는 것이 종 분화다.

하지만 굴드는 '유전자 발현의 변화'를 통해 종 분화를 본다. 호메오 유전자의 작은 변화가 바로 유전자 발현의 변화다. 발생의 큰 그림을 그리는 상위 명령자로서의 조절 유전자가 변화한다면, 복잡한 발생과정 자체가 크게 변동될 것이다. 작은 유전적 변화들이 형태학적으로 주요하고, 불연속적인 효과를 낼 수 있다.Gould, *Hen's Teeth and Horse's Toes*, p.180 그 변화는 생물 전체 모습에 미치는 영향이 클 것이다. 발생 시스템이 이루는 위계적인 층구조는 아무리 작은 조절 유전자의 변화이더라도, 이를 커다란 변화로 파급·증폭시킨다. 여러 층위에서 작동하는 발생 유전자들은 서로 상호작용을 하며 복잡한 체계를 이루고, 이러한 체계에 일어나는 유전자의 작은 변화는 생물체의 형태에 불연속적이고 커다란 변화를 불러일으킨다. 이렇게 해서 생물의 형태에 커다란 변화가 야기되는 것이다. 바로 이 지점이 생물의 진화(계통발생)와 발생학(개체발생)이 결합되는 부분이다.

구체적으로 불연속적인 도약과정을 살펴보자. 다른 쥐들과는 거꾸로 된 먹이 주머니를 가진 쥐 이야기다. 다람쥐 같은 설치류들이 입 속에 먹이를 잔뜩 넣은 귀여운 모습. 이 귀여움은 대부분의 설치류들이 지닌 먹이 주머니 때문에 가능하다. 그 먹이 주머니는 볼이 늘어나서 많은 먹이를 담을 수 있다. 대부분 먹이 주머니는 입을 통해 입천장이나 코 안으로 이어지는 게 보통이다. 하지만 어떤 땅다람쥐는 뒤집어진 먹이 주머니를 가졌다. 마치 볼 옆에 보조개가 매우 깊게 파였고, 거기에 저장 공간이 생긴 것처럼 말이다. 이런 변화는 어떻게 생겨났을까? 오랜 시간을 두고 조금씩 조금씩 필요에 따라 천천히 변화해 갔을까? 굴드의 대답은 "아니오"다.

앞에서 언급한 롱은 들쥐의 바깥 볼주머니에 대해서 이렇게 주장한다. "유전적으로 제어된 볼주머니의 발생 역전이 일부 개체군에서 일어나고, 여러 차례 반복되다가 지속되었을지도 모른다. 이러한 형태상의 변화는 주머니를 '거꾸로 뒤집을'(즉 모피가 안쪽으로 들어오게 할)' 정도로 효과가 강력한 것처럼 보이지만, 그럼에도 불구하고 이것은 비교적 단순한 발생학적 변화라고 할 수 있을 것이다." 실제로 나는 불연속적 이행이 발생 속도의 약간의 변화에 기인한 것이라고 생각하지 않는다면, 가장 중요한 진화적 변화들이 어떻게 일어날 수 있었는지 절대 설명할 수 없다고 생각한다.굴드, 「돌아온 '유망한 괴물'」, 『판다의 엄지』, 262쪽

굴드는 모피가 안쪽으로 들어오게 되어 볼주머니가 생긴 커다란 변화는 단순한 발생학적 변화에서 나타났다고 말한다. "유전적으로 제어된 볼주머니의 발생 역전"굴드, 앞의 글, 262쪽은 한순간에 발생학적 변화에 의해 이루어진 것이다. 즉 "성체의 형태에서 나타나는 불연속적 변화가 작은 유전적 변화를 통해 발생한 것이다."굴드, 같은 글, 238쪽 이렇게 성체에서 보이는 불연속성을 발생학적 메커니즘을 통해 이야기할 수 있는 것이다.

또 유전자의 작은 변화가 미치는 커다란 영향은 판다의 엄지의 변화에서도 잘 볼 수 있다. "요골종자골의 확대는 단지 한 차례의 유전적 변화, 어쩌면 성장의 타이밍과 속도에 영향을 주는 단한 차례의 돌연변이로 인해"굴드, 「판다의 엄지」, 『판다의 엄지』, 28쪽 생겨났다. 이러한 손목뼈의 확대는 자동적으로 손목뼈 주변의 근육 체계에 일련의 변화를 가져왔고, 근육 체계의 배치가 대폭 전환되었다. 결국 "근육이나 신경을 모두 갖춘 엄지라는 복잡한 장치가 요골종자골이 단순히 확장하는 과정에서 자동적으로 생겨났다."굴드, 「이중의 어려움」, 『판다의 엄지』, 56쪽

물론 매우 큰 변화가 일어나면 생물이 발생과정에서 죽을 수도 있다. 하지만 대체적으로 발생단계의 배아는 유연해서 어느 정도의 변화를 수용할 수 있다. 작은 유전자에 변화가 발생하는 순간은 바로 기존에 자신의 몸 구조를 지배했던 법칙들로부터 벗어나는 단속의 지점이다. 이 단절을 통해서 그는 일거에 자신을 바꾸게 되는 것이다. 그리고 새로운 신체의 법칙 속에서, 새로운 시간성을 가지고 살아가게 된다.

이런 예들은 무궁무진하다. 멕시코의 어떤 양서류 종인 아호로틀(axolotl)은 '동안 외모'로 유명하다. 조상종에 비해 변태의 시작이 늦은 아호로틀은 죽을 때까지 어릴 적 모습 그대로, 아가미를 가진 올챙이 형태로 쭉 살아간다. 어린 유생의 모습으로 어른이 되어 살아가고, 번식도 하는 것이다. 이런 아호로틀의 모습은 발생의 속도를 조절하는 속도유전자가 바뀜으로써 탄생했다. 이렇게 발생유전자가 변화한 것 하나만으로도 커다란 변화가 만들어지는 것이다. 굴드는 바로 발생과정 전반을 조절하는 조절 유전자의 변화가 진화적 새로움을 가져오며, 이는 불연속적인 변화를 가져올 수 있다고 말하는 것이다.

―――――

점진주의도 창조론도 아닌 제3의 길

―――――

굴드는 생물의 변화에서 나타나는 단속적 변화를 그림으로써 점진주의와는 다른 길을 갔다. 또 한편으로 그것은 현대 창조과학에서 말하는 창조론도 아니었다. 현대의 창조과학은 굴드의 불연속적인 변화가 신의 창조를 보여 준다며 자신들에게 유리하게 굴드를 인용하고 있지만, 굴드가 말하는 도약적 변화는 합리적 설명이 불가능한 초월적이고 신비스런 기적이 아니다. 커다란 변화는 발생에 관여하는 조절 유전자의 변이, 그로 인해 발생 초기에 벌어진 작은 변화로 생겨난다. 하지만 그렇다고 해서 그러한 변화가 다윈주의에 위배되는 것도 아니다. 굴드는 발생학을 통해 다윈주의 내에서 커다란 변화가 충분히 가능함을 보여 주었다. 조그만 변이의 축적이 커다란 변화를 만드는 것이 아니라, 단속적 변이도 커다란 변화를 생산할 수 있다. 또한 그러한 변화는 다윈주의 내부에서 수용가능한 것이었다.

불연속적 변화를 설명하는 모든 이론이 반드시 반다윈적인 것은 아니다. 이를테면 성체의 형태에서 나타나는 불연속적 변화가 작은 유전적 변화를 통해 발생한다고 가정하자. 이 경우에 같은 종의 다른 구성원과의 부조화라는 문제는 생기지 않는다. 또한 생존에 유리한 큰 변이는 다윈적인 방식에 따라 한 개체군 속에서 확산될 수 있다. 이 큰 불연속적 변화가 갑작스러운 완성된 형태를 만드는 것이 아니고 그 변화를 일으킨 개체를 새로운 생활 양식으로 이행시키는 '핵심' 적응으로 작용한다고 가정해보자. 그 경우 그 생물이 새로운 양식으로 번성하기 위해서는, 형태와 행동에 걸친 광범위한 부차적 변화가 필요한 것이다. 그리고 이러한 핵심 적응이 선택압을 크게 바꾸면 다른 부차적 변화들은 보다 일반적이고 점진적인 경로를 따라 발생할 가능성이 있다. …… 심하게 편향된 내 개인적 견해에 따르면 대진화에서 나타나는 분명한 불연속성과 다윈주의를 조화시킨다는 문제는 발생 초기에 일어난 작은 변화가 성장 과정에서 축적되어 성체에 큰 차이를 가져온다는 관찰로 대략 해결된다.굴드, 「돌아온 '유망한 괴물'」, 『판다의 엄지』, 260~262쪽

굴드는 작은 유전자의 변이로 일어나는 불연속적인 변화를 '핵심적응'이라고 말한다. '핵심적응'의 순간 어떤 근본적인 변화가 일어난다. 기존에 통용되던 법칙과 리듬과 단절되고, 새로운 무언가가 재조직된 순간이다. 이런 불연속적인 변화의 순간에는 일상적으로 작용하는 법칙이 작동되지 않는다. 이렇게 커다란 불연속적인 변화가 생성되고 나면, 생명은 전혀 다른 질서, 전혀 다른 선택압을 받는 신체가 되어 있다. 즉 전혀 다른 배치와 시간성 속에서 질적으로 새로운 존재가 된 것이다. 여기에 다시금 부단히 작동하는 자연선택의 힘이 미칠 것이다. 불연속적인 핵심적응은 진화적 혁신과 새로움을 가져왔고, 이후 자연선택이라는 칼은 새로운 선택압력으로 여러가지 부차적인 변화들을 가져다준다.

굴드는 다윈주의에서 중요시 여기는 자연선택을 완전히 무시하며 반대하지 않는다. 다만 굴드는 다윈주의가 점진주의를 필요로 하지 않는다고 말한다.

현대의 진화이론은 점진적 변화라는 관점을 요구하지 않는다. 사실 우리가 화석 기록에서 보는 것은 바로 다윈적 과정의 작동으로 만들어지는 것이다. 우리가 배격해야 할 것은 점진론이지 다윈주의 그 자체가 아니다.굴드, 「진화적 변화의 단속적 본질」, 『판다의 엄지』, 247~248쪽

굴드가 보기에 다윈주의에서 가장 중요한 것은 진화적 변화를 이끄는 자연선택의 창조적인 힘이다. 다윈은 점진주의와 자연선택에 의한 진화를 연결시켰지만, 굴드가 보기에 자연선택과 점진론은 분리된 주제였다.

많은 진화학자들이 소진화와 대진화의 완벽한 연결이 다윈주의를 구성하는 본질적 요소의 하나이며, 자연선택의 필연적인 결과라고 생각한다. …… 토머스 헨리 헉슬리는 자연선택과 점진론이라는 두 가지 주제를 분리해서 생각했고, 다윈에게 점진론에 지나치게 그리고 부당하게 집착하면 자신의 체계 전체를 스스로 무너뜨리는 결과를 초래할 것이라고 경고했다. 갑작스러운 이행을 보여 주는 화석 기록은 점진적인 변화를 뒷받침하지 않으며, 자연선택의 원리도 그것을 필요로 하지 않는다. 선택은 빠른 속도로도 작동할 수 있기 때문이다. 그럼에도 불구하고 다윈이 억지로 만들어 낸 불필요한 연결이 종합설이 중심 교의의 하나로 굳어져 버렸다.굴드, 「돌아온 '유망한 괴물'」, 『판다의 엄지』, 255쪽

앞서 이야기했듯이 화석 기록 역시도 점진주의를 뒷받침하지 않을 뿐만 아니라, 모든 자연선택이 점진적으로 진행될 필요는 없다. 굴드는 점진주의적으로 일어나는 자연선택의 과정은 다윈이 만들어 낸 불필요한 연결이라고 생각했다. 물론 굴드 역시 다윈이 처한 상황과 그로부터 나온 연속주의적 관점의 맥락을 이해 못하는 것은 아니다.

하지만 현대의 다윈주의는 다윈의 시대의 맥락이 아니라, 굴드가 살던 시대 맥락 속에서 수정되어야했다. 다윈의 시대에 중요했던 점진론을 현대 진화론의 중심교의로 삼아서는 안 되는 것이다. 굴드는 다윈주의를 보완하고자 한다. 분명히 관찰 가능한 있는 그대로의 화석 기록, 그리고 새롭게 발전하고 있는 분자유전학과 발생학에 의한 진화 연구는 다윈주의를 다른 방향으로 이끌 수 있다고 본 것이다. 옛날에 헉슬리가 다윈에게 주었던 경고는 아직도 유효하다. 점진론을 계속 고수하다가는 현대의 진화론 체계가 위태롭게 될 것이다. 굴드가 보기에 다윈주의 진화론을 살리는 길은 점진론에 메스를 대는 것이었다. 그것은 모든 변화에 점진주의를 들이대는 편협하고 관습적인 사고방식을 버리며, 단속적인 변화야 말로 진화의 주요한 패턴이라는 것을 인정하는 것이다. 굴드는 자기 나름으로 다윈주의를 잘 계승하려고 했으며, 단속적이며 불연속적인 변화를 통해 다윈주의를 점진주의도 아니고, 창조론도 아닌 제3의 길로 나아가게 하고 있었다.

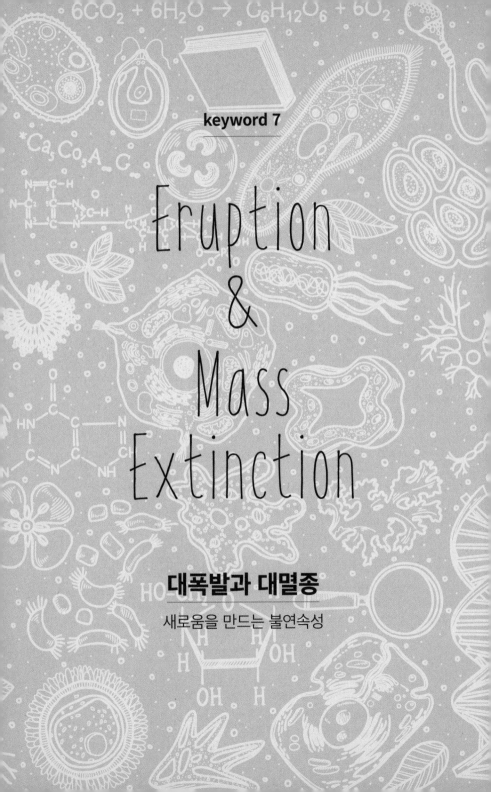

keyword 7

Eruption
&
Mass
Extinction

대폭발과 대멸종
새로움을 만드는 불연속성

갑자기 복잡한 생물이 생겨났다?

우리는 앞서 단속적인 종 분화 이론을 통해 단속의 시기라는 예외적인 시간에 새로운 종들이 분기하여 새로운 계통의 역사를 형성하는 모습을 보았다. 불연속성 속에서 새로움이 만들어지는 모습이었다. 이는 점진론적 전제에 근본적으로 의문을 던지며, 역사 그리고 변화에 대한 새로운 사유체계를 제시하는 것이었다. 이제 굴드는 그러한 시각을 생명의 역사 전체로 확장시켜 멀리서 역사의 거대한 패턴을 조망한다. 우선 그 시작은 굴드가 『생명, 그 경이로움에 대하여』(Wonderful Life)에서 아름답게 그려낸 고생대 초기의 캄브리아기 화석으로부터 비롯된다. 굴드는 『생명, 그 경이로움에 대하여』에서 다윈의 난제였던 캄브리아기 화석에 대한 새로운 이야기를 시도한다.

다윈을 고뇌하게 했던 캄브리아기 화석에 대한 논의들이 그동안 생물학계 안에서 어떻게 진행되었는지 짧게 살펴보자. 다윈이 살던 시대에는 선캄브리아기 지층에서 어떤 화석도 발견되지 않았지만, 결국 선캄브리아기 지층에서 화석들이 발견되었다. 하지만 그것은 다윈의 걱정을 환희로 뒤바꿀 만한 것은 아니었는데, 그 화석의 형태는 삼엽충과 같이 복잡하게 생긴 캄브리아기 동물들의 조상으로 보기에는 너무나 단순하고 원시적이었다. 오스트리아 발굴지의 이름을 따서 에디아카라 동물상이라고 불리는 캄브리아기 이전의 생물들은 주로 납작한 원반이나 리본, 끈을 엮어 만든 팬케이크처럼 생겼다. 여전히 캄브리아기 화석과 선캄브리아기 화석 사이의 불연속성은 난제로 남아 있었던 것이다.

20세기에 새로운 캄브리아기 지층이 발견되었다. 1909년 캐나다 로키 산맥 근처의 버제스 셰일(Burgess Shale)에서 찰스 둘리틀 월컷은 캄브리아기 중기의 화석을 발견했다. 그 캄브리아기 동물들은 부드러운 몸체를 지녔는데도 기적적으로 화석화가 되었고, 복잡한 부속지와 몸 형태를 생생하게 뽐냈다. 하지만 월컷은 버제스 셰일의 기묘한 생물체들을 보고도, 전형적인 점진주의자의 면모를 발휘했다. 그는 버제스에서 발견된 캄브리아기 동물들을 모조리 현대에 확립된 분류표 안에 집어넣었다. 그들이 현생종들의 모습과 매우 다름에도 그는 이미 확립된 서랍 속에 그들을 우겨넣었다. 월컷에게 캄브리아기 동물은 현생종으로 진화해가는 점진적 곡선 속에 있는 이행형 생물이었던 것이다.

여기에 반전이 존재한다. 이 반전은 점점 진화론을 미궁으로 빠져들게 했다. 1970년대에 이르러 월컷의 서랍 속에 처박혀 있던 버제스 셰일의 화석이 재해석된다. 해리 휘팅턴과 그의 제자 콘웨이 모리스, 데렉 브릭스, 이 세 사람은 버제스 셰일 속 고생물들이 현생종과는 매우 이질적인 생물이었음을 발표했다. 재해석된 버제스 셰일 동물상들은 형태와 다양성 면에서 상상을 초월했다. 너무나 기묘했고 풍부했다. 환형동물, 유조동물(velvet worm), 불가사리, 연체동물(달팽이, 오징어, 그리고 그 동류들), 해면동물, 쌍각류, 껍질을 가진 다른 동물들의 화석이 발견되었고, 그 중에서 딱딱한 피부를 지닌 동물들의 복잡하고 다양한 모습은 정말 압권이었다.

캄브리아기 이전 1억 년 동안, 둥글납작한 동물들만이 화석으로 발견되다가, 캄브리아 시기 초기에 이르러 생김새가 복잡하며, 딱딱한 껍질을 가진 동물들이 화석으로 갑자기 출현한 것이다. 명백히 이전 시기의 조상들과 매우 커다란 차이를 보이는 새로운 생물들이 불연속적인 변화를 보이며 캄브리아기 초기에 나타난 것이었다. 버제스 셰일 동물상의 재조명은 생물 간의 불연속성을 더욱 심화시키는 결과를 가져왔다. 굴드의 시대에는 세월이 흘러 화석들이 많이 발견되었음에도 불구하고 불연속성이 메워지기는커녕 불연속성이 확대되었다.

하지만 월컷의 서랍에서 재발견된 캄브리아기 동물상들을 둘러싸고, 신다윈주의자들은 이를 점진주의적 관점에서 해석하려고 하고 있었다. 그들은 세계 각지에서 새로 발견된 화석을 통해 에디아카라 동물상을 비롯한 캄브리아기 이전의 화석과 캄브리아 동물상 사이에 난 불연속적인 간격을 부드럽게 이어 보려는 시도를 하고 있었다.

캄브리아기 대폭발과 새로운 실험

굴드는 있는 그대로의 화석 기록, 버제스 셰일의 화석들이 보여

주는 놀라운 모습을 사실 그대로 받아들여야 한다고 주장한다. 그동안 다윈이 했던 것처럼 캄브리아기 화석을 무시하고, 화석의 불완전성을 핑계삼아 점진주의를 고수하기보다는 캄브리아기 화석을 통해서 자연에 존재하는 도약적인 변화를 인정해야 한다고 굴드는 역설한다. 그는 버제스 셰일의 화석이 캄브리아기 초기로부터 3~4천만 년 지난 중기의 화석이지만, 버제스에 등장하는 많은 생물들이 그 이전 시대의 퇴적층에서도 발견되기 때문에굴드, 『생명 그 경이로움에 대하여』, 338쪽, 이러한 동물들의 모습은 캄브리아 초기의 모습과 다를 바가 없었다고 말한다. 결국 버제스 동물들은 캄브리아 초기 일거에 나타났다는 것이다. 굴드는 그 사건을 캄브리아기 '대폭발'(explosion)이라고 부른다. 왜 대폭발인지 살펴보자.

불과 몇 백만 년 만에 이러한 복잡기묘하게 생긴 생물들이 등장했다. 매우 짧은 순간에 커다란 변화가, 진화적 새로움이 생겨난 것이다. 앞서 종 분화의 이야기와 비슷하게, 수백만 년이란 시간은 고생물학자에게 매우 짧은 '순간'이다. 고생물학자에게는 1천만 년이란 시간은 그 시간 동안 어떤 일이 벌어졌는지 설명할 수 없을 정도로 짧은 시간으로서, 전체 지구 역사의 450분의 1에 지나지 않는다. 고생물학자에게는 그야말로 찰나의 시간에 불과하다.굴드, 『캄브리아기 대변성』, 『다윈 이후』, 180쪽 참고 지구 역사, 45억 년을 하루로 놓고 계산해 보면, 불과 몇 십초 안에 급격한 변화가 일어난 것이다. 명백한 경험상의 증거, 화석 기록으로만 놓고 보면, 매우 짧은 기간에 단순한 생물들과 비교도 할 수 없을 정도의 복잡한 설계를 가진 생물들이 탄생한 격이었다.

그 세부를 보면 더 놀랍다. 어떤 현생종 그룹에도 속하지 않는 절지동물이 20~30종류가량 발견되었다. 등의 장식이 화려하고 우아한 마렐라, 매우 큰 대부속지를 지닌 새우 비슷한 요호이아, 눈이 다섯 개나 달린 오파비니아, 빨래판 같은 몸구조에 무시무시한 이빨을 가진 오돈토그리푸스, 꽃 한 송이의 모습을 한 디노미스쿠스, 이쑤시개 같은 뾰족한 다리를 지니고 파인애플과 같은 모습을 하고 있는 와이왁시아, 사나운 코끼리 모습을 하고 있는 아노말로카리스, 주름진 호스와 비슷한 모습을 하고 있는 아이쉐아이아, 이외에도 브르게시아, 넥토카리스, 브란키오카리스, 카나다스피스, 나라오이아 등등 매우 기묘한 생물들이 화석으로 발견되었다.

이들이 이전 동물들과 얼마나 급격한 차이를 보여 주고 있냐면, 바로 '문 수준의 차이'다. '종―속―과―목―강―문―계'라는 분류체계에서 계 다음으로 높은 분류군이 바로 '문'(phylum)이다. 계는 식물계, 동물계, 균계와 같은 매우 큰 분류단위이며, 그 다음 수준인 "문(phylum)은 해부학적 구조의 기본설계를 표현"굴드, 『생명 그 경이로움에 대하여』, 153쪽한다. 즉 기본적인 몸의 설계를 나타낸다. 각 문은 제 나름대로 동물의 몸을 만드는 독특한 방식을 지니고 있는데, 이런 방식에 따라 척색동물문(척추동물), 환형동물문(지렁이, 거머리 등등), 해면동물문(말미잘, 해파리 등등), 연체동물문(조개류, 물오징어 등등), 절지동물문(곤충, 거미, 새우, 게 등등) 등등으로 나눈다. 그러니까 '문 수준의 차이'는 근본적으로 신체 기본 설계의 매우 큰 차이다. 과장일 수도 있지만, 척색동물문의 호랑이와 절지동물문의 새우의 차이라고나 할까!

이런 문 수준의 차이를 다기성(多基性, disparity)이라 한다. 우리는 보통 생물들의 다종다양한 양상을 표현할 때 '다양성'(diversity)이란 단어를 쓴다. 다양성은 주로 종 사이의 차이나 종의 수를 의미한다. 반면 다기성은 이보다 훨씬 커다란 차이를 의미한다. 캄브리아기 화석은 다기성으로 넘쳤다. 어린아이가 잡동사니 상자에서 신체들의 부품을 꺼내 이리저리 조립한 것처럼 각각의 화석들은 제각각 서로 다른 신체 설계를 보여 주고 있었다.

캄브리아기 화석이 보여 주는 바는 매우 짧은 '지질학적 순간'에 기묘하게 생긴 생물들이 매우 커다란 '문 수준의 형태학적 차이'를 보이면서 등장했고, 그것도 매우 '다양한 신체 설계'를 지니며 다수 등장했다는 점이다. 그래서 이를 '캄브리아기 대폭발'(Cambrian explosion)이라고 부르는 것이다. 새로운 생물 집단의 등장을 '대폭발'이라고 부르는 이유는 단순히 많은 수의 기묘한 생물들이 짧은 순간에 쏟아져 나왔기 때문만이 아니다. 그것은 이전에 존재했던 다른 생물들에 비해 너무나 단절적인 변화, 커다란 변화를 보였기 때문이다. 그 변화의 수위가 매우 큰 '문 수준의 변화'인 것이다. 바로 대폭발은 단속이자 불연속적인 변화를 말해 준다. 굴드는 단속적인 변화를 보이며 다수의 몸 구조들이 생겨난 캄브리아 대폭발의 시기를 '실험의 시대'라 말한다.

버제스 시대는 놀라운 실험의 시대였다. 절지동물이라는 잡동사니 상자에서 여러 가지 특성을 집어내 이리저리 조합할 수 있는 진화적 유연성(evolutionary flexibility)의 시대, 그리고 거의 모든 배열의 가능성이 시도될 수 있는(그리고 평가될 수 있는) 시대였다.굴드, 『생명 그 경이로움에 대하여』, 280쪽

기존의 설계를 뒤집어엎고 새로운 신체 설계로 도약한 시기, 잡동사니들이 들어 있는 상자 속에서 여러 가지 부품들을 꺼내어 이리저리 조합해서 다양한 신체 구조들을 만들어 내던 시기, 창조성 넘치며 도전적인 실험정신으로 가득찬 시기가 바로 캄브리아기 초기다. 다세포 생물의 역사 초반부의 이 짧은 순간에 엄청난 신체 설계들의 실험이 행해졌고, 그토록 다양한 문 수준의 설계들이 폭발적으로 쏟아져 나온 것이었다. 이 시기는 단순히 자연선택이 작동하는 정상적이고 평범한 시기와는 매우 다른 시기였다. 실험의 시기는 역사의 불연속 지점이었다. 캄브리아기 대폭발을 통해 우리는 역사의 불연속성 속에서 진화적 새로움이 만들어지고 실험되는 것을 볼 수 있다.

대멸종, 역사의 파열

캄브리아기 실험의 시기가 끝나고, 또 다른 불연속적 사건들이 생명의 역사에서 고개를 든다. 그것은 대멸종이라는 커다란 격변의 시기다. 이 격변의 순간들은 생명의 역사에 어떤 영향을 미칠까?

대멸종은 멸종과 큰 차이가 없어 보이지만, 질적, 양적인 면에서 멸종과는 완전히 다른 차원의 것이다. 멸종은 생명의 역사 속에서 언제나 조금씩 일어나는 일이었다. 자연의 시험대를 통과하지 못한 개체들과 종들은 끊임없이 소멸했고, 이런 자연선택 하에서 멸종은 점진적으로 일어났다. 오랜 세월 후, 우리는 많은 종들이 멸종했다는 것을 알 수 있다.

하지만 대멸종은 오랜 시간에 걸쳐 점진적으로 일어난 사건이 아니다. 빅뱅의 순간처럼, 다수의 종이 한꺼번에 멸종된다. 이것은 개체 수준에서 조금씩 멸종에 이르는 것이 아니라, 종이나 그보다 큰 단위의 분류군들을 일거에 사멸시킨다. 이러한 대절멸은 생명의 역사상 다섯 번, 오르도비스기, 데본기, 페름기, 트라이아스기, 백악기에 존재했다고 알려진다. 그 중 잘 알려진 대멸종은 페름기 대멸종, 백악기 대멸종이다.

페름기 대멸종은 고생대와 중생대를 나누는 두번째 경계(2억 2천5백만 년 전)에 일어났고, '사상 최대 규모의 대량멸종'_{굴드, 『생명 그 경이로움에 대하여』, 78쪽}이었다. 이 사건은 캄브리아기 초기에 생긴 다양한 생물들을 그야말로 '싹' 쓸어가 버렸다. '해양 생물종의 96퍼센트를 사라지게 하면서 그 후의 생물 진화 패턴을 완전하게 결정했다.'_{굴드, 앞의 책, 78쪽} 그리고 공룡이 멸종된 시기로 유명한 백악기 대멸종. 바로 운석 충돌에 의한 여파로 공룡들이 전멸했다. 이로써 파충류의 전성기였던 중생대는 막을 내렸다.

대멸종은 연속성의 흐름을 벗어난 단절, 연속성에 구멍을 뚫어 놓는 파열, 불연속적인 사건이었다. 질적으로 완전히 다른 시간이었다. 대멸종의 시기는 그동안 적용되던 일상적인 법칙, 그동안 축적시켜 왔던 모든 것들을 일거에 파괴했다. 그동안 통용되던 법칙들이 무용지물이 되는 예외적인 시기였다.

> 대량멸종이 이전에 생각해 온 것 이상의 '높은 빈도로, 급속하게, 파멸적인 규모로 일어났으며, 그로 인한 결과도 크게 다르다'는 것이다. 다시 말해서 대량멸종은 지질학적 흐름에서 일어난 진정한 의미에서의 단절이며, 연속성 속에 포함되어 있으면서 단순히 높은 지점들이 아니라는 뜻이다. 이 사건들은 매우 빠른 속도로 일어나고 극적인 결과를 가져오는 환경 변화에 의해 일어나기 때문에 생물들은 일반적인 자연선택의 힘에 의해 조정될 수 없을지도 모른다. 따라서 대량멸종은 '일상적'(normal) 시기에 축적될 수 있는 모든 것을 탈선시키고, 전복시키고, 그 방향을 바꿀 수 있다.굴드, 같은 책, 470쪽

페름기와 백악기 대멸종 시기를 보면 그 시기는 생물들이 도저히 살아갈 수 없는 대격변의 시기다. 페름기 대멸종은 화산폭발로 인한 극단적 온난화, 40도 이상의 해수표면 온도, 대륙의 운동으로 인한 서식지의 감소 등에 의해 일어났다고 추정된다. 40도의 온도는 모든 해양 생물과 식물들의 생존이 불가능한 온도다. 공룡이 멸종한 백악기에는 지구에 운석이 떨어졌다. 운석 충돌 순간 하늘로 날아간 입자들이 만든 뿌연 먼지 구름으로 인해 지구는 암흑이 되고 기온이 급격이 떨어졌다. 식물은 광합성을 하지 못해

죽었고, 식물을 먹는 공룡들, 이어 육식 공룡도 절멸했다.

이 시기에 자연선택의 힘은 발휘되지 않는다. 평상시에 생물들은 자연선택이라는 자연의 시험대를 거친다. 환경에 적합한 형질을 지닌 것들은 살아남고, 그렇지 못한 것들은 사멸한다. 하지만 대멸종 같은 비상사태에 처하면, 적응적 형질은 쓸모없다. 급격하고 특별한 사건 앞에서 생존에 유리한 형질을 가졌다고 우쭐되던 공룡들, 온갖 다양한 설계를 실험한 캄브리아기의 생물들은 깨지기 쉬운 유리인형일 뿐이었다. 평소와 다른 법칙들이 통용되는 것이다. 이렇게 대멸종의 기간에는 자연선택의 힘은 무력화되고, 작동되지 않는다. 이것이 바로 대멸종과 멸종을 구분짓게 되는 커다란 차이이다.

_____

대멸종, 새로움을 여는 창조의 씨앗

_____

대멸종을 통해 기존에 번성했던 종들이 대부분 멸종하고, 그들이 사는 환경 역시 단절적으로 변했다. 이제 대멸종의 이후에 벌어질 시간은 그 이전 시간과 단절했다. 전부터 이어져왔던 인과성이나 법칙성도 이제 처음부터 다시 설정돼야 했으며, 과거로부터 향상되고 진보해 왔던 축적물(적응적 형질)은 무너져 버렸다. 생명의 역사는 이제 달라진 시공간에서 다시 시작되어야 했다.

대멸종이 쓸고 간 자리에서 새로움이 싹튼다. 백악기 말의 운석 충돌은 공룡의 절멸을 가져왔다. 그리고 파충류에 밀려 작은 몸집을 가지고 숨어 살았던 포유류는 이제 그들의 시대가 운좋게 열렸다는 것을 안다. 그 시대에서 포유류는 마음껏 새로운 진화의 실험들을 해나간다. 이렇게 대절멸이라는 우발적인 사건들이 포유류의 시대를 열어준 것처럼, 대멸종과 같은 단절적 사건은 "달라진 규칙을 부과함으로써 새로운 체제를 창조"한다.굴드, 「운명의 바퀴와 진보의 쐐기」, 『여덟 마리 새끼 돼지』, 442쪽

> 대멸종은 생명의 역사를 파괴만 하는 것은 아니다. 대멸종은 창조의 원천이기도 하다. ……대멸종은 생명의 역사에서 굵직한 변화와 변천을 일으키는, 없어서는 안 되는 중요한 씨앗이 될 것이다. 파괴와 창조는 변증법적 상호작용으로 얽혀 있다. 굴드, 「시바의 우주의 춤」, 『플라밍고의 미소』, 572쪽

만일 대멸종이 없다면, 생물 다양성은 기하급수적으로 증가하게 되고, 종 다양성은 포화상태에 이르게 될 것이다. 결국 새로운 종을 위한 장소는 존재하지 않게 되므로 생명들에게 진화적 새로움은 사라지게 될 것이다.데이빗 라우프, 『멸종』, 장대익·정재은 옮김, 문학과지성사, 2003, 42쪽 참고 대멸종은 진화적 혁신을 위한 생태적 지리적 공간을 마련해준다. 대멸종이 가져다준 폐허의 자리는 새로운 종, 새로운 실험을 위한 장소다. 대멸종은 새로운 삶의 터전과 새로운 삶의 양식들을 실험하고자 하는 생명들에게 지속적으로 새로운 기회를 제공한다. 이 절멸 속에서 새로운 실험은 가열차게 진행된다.

Discontinuance

불연속성

불연속성이 만든 생명사의 패턴

'초기의 실험, 그리고 이후 표준화' 모델

외계의 동물행동학자가 사람을 관찰하여, 사람의 성격에 대해 결론 내린다면 어떤 결론을 내릴까? 아마도 그는 '호모 사피엔스는 지극히 온화한 종'이라는 평가를 내릴 것이다. 어떤 생물을 수십 시간에 걸쳐 관찰했는데, 공격적인 행동을 한두 번쯤 봤다면, 동물행동학자는 아마 그 종을 비교적 평화로운 동물로 판단할 것이다. 사람이 그렇다. 우리의 평소 행동들을 보라. 99.9%가 비공격적이고, 예측가능한 행동들이다.

하지만 그가 전쟁, 탐욕, 권력욕, 혐오증과 같은 인간의 추악한 이면들을 본다면, 깜짝 놀랄 것이다. 또 인류의 역사를 구축하는 사건들이 존경할 만한 동기보다는 불쾌하고, 공격적인 동기에 의해서 훨씬 더 빈번하게 형성되었다는 것을 알고 한 번 더 놀랄 것이다. 여기서 우리는 인간이 본성적으로 악한 존재라는 비극적 결론을 내려야 할까?

굴드라면 그러한 인간중심적 결론이 아니라 심오하고도 역설적인 역사의 본질에 대한 결론을 내놓을 것이다. 매우 예외적이고, 어찌 보면 폭력적으로 보이는 사건들에게 역사를 형성하는 강력한 힘이 주어진다는 사실, 이 비대칭적 구조가 바로 역사라고 말이다. 하지만 우리는 빈도와 효과를 쉽게 혼동한다. 빈도가 많다고 해서 효과가 큰 것은 아닌데도 말이다. 역사 속에서 대다수의 빈도를 차지하는 평범한 일들은 파급효과가 적은 반면, 몹시 희귀한 사건들은 역사를 만드는 광범위한 결과를 가져다주었다. 일상에서 득세하는 평범한 힘들은 역사적 원인들과는 반대다.굴드, 「만 번의 친절」, 『여덟 마리 새끼 돼지』, 398쪽 참고 이러한 혼동은 점진주의에서 잘 보인다. 점진주의는 일상적이고 평범한 자연상태에서 가장 지배적으로 일어나는 자연선택 과정이 생명의 역사를 형성한다고 본다. 효과는 적으나 빈도가 잦은 일들, 아주 미세한 과정들이 쌓여서 연속적이고 점증하는 역사의 곡선을 만든다는 것이다.

그리하여 점진주의는 생명 역사의 패턴을 크리스마스트리를 거꾸로 세워 놓은 것과 같은 '역원뿔형 모델'굴드, 『생명 그 경이로움에 대하여』, 50쪽로 파악한다. 이 패턴에 의하면 생명의 진화는 옆으로는 단순한 것에서 시작해서 다양한 생물들, 위로는 복잡한 생물들이 점점 생겨나게 된다. 밑의 줄기에서 수많은 나뭇가지가 뻗어나가듯, 다양성과 복잡도가 증가하는 모습이다.

하지만 굴드는 역원뿔형 모델과는 다른 패턴의 모델을 제시한다. 그 모델에 의하면, 예외적인 일들이 생명의 역사를 구축했다. 굴드는 이러한 역사의 모습 전체를 '폭발 이후 격감'의 모델로 그려낸다.

> 생명의 역사는 연속적인 발전이 아니다. 그것은 지질학적으로는 순간이라고 말할 수 있을 정도로 짧은 기간의 대량 멸종, 그리고 뒤이어 계속된 다양화에 의해서 단속(斷續, punctuated)된 기록인 것이다.굴드, 앞의 책, 76쪽

나는 '초기 실험과 그 이후의 표준화'라는 식의 해석을 좋아한다. 주요 계통은 그 역사가 시작된 초기에는 괄목할 만큼 이질적인 설계를 생성할 수 있었던 것 같다.——이것이 '초기 실험'에 해당한다. 그런데 그 설계 중에 최초의 격감을 이겨내고 살아남는 것은 거의 없고, 이후의 다양화는 살아남은 설계의 한정된 해부학적 범위 내에서만 일어난다.——이것이 '그 후의 표준화'이다. 종수는 계속 증가해서 계통의 역사의 후기에 최대치에 도달했을 수도 있지만, 이러한 다양화는 한정된 해부학적 구조의 범위 내에서 일어났다.——현생 곤충은 거의 1백만 종이 기술되어 있지만, 오늘날 절지동물의 기본 설계는 세 종류밖에 없다. 그에 비해 버제스 시대에는 20종류가 넘는 기본 설계가 있었다. 굴드, 같은 책, 469쪽

우리는 앞서 캄브리아기 대폭발과 대멸종의 사건들을 살펴보았다. 이들은 생명의 역사의 커다란 줄기와 방향을 만들었다. 굴드에 의하면 생물들의 주요 계통을 형성한 캄브리아기 초기에는 여러 가지 몸 설계들이 실험에 부쳐졌다. 캄브리아기 이후 생물들의 몸 설계는 이때 만들어진 몸 설계를 벗어나지 않는다. 그럼으로써 캄브리아기의 실험은 순식간에 생명의 역사에 커다란 선택지를 부여한다.

그리고 또 하나의 예외적 시간이 폭력적으로 들이닥친다. 페름기 대멸종이라는 단절적 사건은 생명사의 방향에 커다란 영향을 미친다. 대멸종은 실험을 통해 만들어진 다양한 기본신체 설계

들 대부분을 한꺼번에 제거해 버린다. 문 수준 설계의 다기성, 다양한 기본신체 설계들이 대절멸 이후 '격감'한다. 캄브리아기에 스무 종류가 넘는 절지동물의 기본 설계가 존재했지만, 페름기 대멸종 이후 기본 설계는 세 종류(갑각류, 단지류, 협각류)밖에 남지 않았다. 이후에는 표준화된 세 종류의 기본 설계 안에서, 즉 '살아남은 한정된 해부학적 구조의 범위 내'에서 변이들이 축적되어 다양성이 증가한다. 이를 굴드는 '격감 이후의 표준화'라고 표현한다. 이러한 다양성의 증가는 불연속적인 시간이 지난 후 자연선택이라는 법칙이 작동하는 연속적이고도 안정된 시간에서 벌어진다. 이는 역사에 미치는 파급효과 면에서 봤을 때, 대폭발이나 대멸종에 비해 미미한 것이다. 이것들은 우발적으로 들이닥치는 불연속적인 단절에 의해 다시 파열될 운명을 갖는다. 페름기 이후에도 이러한 큰 분류군의 탄생과 그 이후 격감은 이어진다. 폭발 이후 격감, 그리고 다양성의 증가, 서로 다른 시간들이 작용하여 생성된 역사 패턴은 고생대의 시기에만 한정된 것이 아니라 생명의 역사에서 일반적으로 보이는 생명의 역사 전체 패턴이다.

굴드의 유명한 사고실험, '생명의 테이프 되감기' 실험은 굴드가 그려내는 불연속적인 역사의 속성을 잘 보여 준다. 만약 생명의 역사의 테이프를 되감아서 다시 재생해 보면 어떻게 될까? 아마도 점진론자들이라면 동일한 시간과 법칙 속에서 생명의 역사는 언제나 같은 경로를 되풀이할 것이라 대답할 것이다. 동일한 법칙 속에서 연속적인 축적이 역사 전체를 꾸준하게 형성해 왔다면, 분명 그렇게 대답하는 것이 가능할 것이다. 하지만 굴드는 같은 경로이기는커녕 생명의 역사에서 인간이라는 존재가 아예 생겨나지 않았을 것이라 답한다. 불연속성이 빚어내는 예측불가능한 우연성은 동일한 역사의 반복을 불가능하게 한다. 매번 역사의 테이프를 되감아서 되돌린다면, 매번 다른 역사의 경로들이 펼쳐질 것이다. 역사는 비결정론적이며 비가역적이다. 그것은 역사가 예측불가능한 불연속성에 의해 형성되기 때문이다.

─────

불연속의 역사가 우리에게 말하는 것

─────

굴드가 제시하는 불연속적인 생명의 역사를 통해 우리는 진화의 이미지, 더 나아가 변화에 대해 가지고 있던 통념들, 그리고 우리 삶에 대해서 깊이 생각할 기회를 갖는다.

진화론에 익숙한 요즘, 우리는 진화를 진보와 결코 연결시키지 않는다. 진화할수록 고등해진다고 결코 생각하지 않는다. 이것은 하나의 교양으로 자리잡았다. 하지만 이상하게도 진화할수록 점점 종의 수들은 늘어나며, 점점 복잡해지는 경향이 있다는 것에 대해서는 수긍한다. 앞뒤가 안 맞는 것 같지만, 다양하고 복잡해지는 것은 진보가 아니라는 단서를 붙이면서 말이다. 그래서 우리는 다양성의 증가와 복잡도의 증가는 진보가 아니지만, 시간이 지나면서 진화의 역사는 점진적으로 다양성과 복잡도가 증가하는 방향으로 간다고 말하게 되는 것이다. 점진적인 변화관은 수용하면서 그 안에 함축된 결론은 받아들이지 않는 것이다. 이러한 사고방식은 앞서 얘기한 생명의 역사 패턴을 역원뿔형으로 그려낸 점진론자들의 생각과 비슷하다. 그들 역시도 (일부 소수를 제외하고) 우리와 비슷하게 생명의 역사에는 진보하는 내재적 경향과 같은 것은 없다고 말할 것이다.

굴드가 보기에 이런 이야기는 앞뒤가 맞지 않는 이야기다. 점진론적인 관점은 반드시 진보주의로 귀결되기 때문이다. 우리는 점진적인 변화관을 받아들이면서 그 전제 안에 함축된 필연적인 결론, 진보주의를 받아들이지 못한다. 하지만 점진주의자들의 외삽에 의하면 우리는 현재의 지점으로부터 과거를 바라본다. 동일한 인과, 동일한 시간 속에서 과거 역시 현재와 비슷한 양상이며, 과거로부터 변화들이 점점 쌓여서 현재가 만들어졌다고 생각하는 것이다. 현재가 과거의 합이니, 현재는 과거의 상황보다 우월할 수밖에 없다. 우리는 이러한 추론을 바탕으로 변화들이 점점 쌓이면서 오늘보다 내일은 좀 더 나아질 것이라 생각한다. 진보할 것이라고 예상하는 것이다. 결국 점진론은 진보주의였던 셈이다. 언제나 점진주의에는 진보가 함축되어 있기 때문이다. 점진주의적 사고방식에 따라 그려낸 역원뿔형 패턴은 필연적으로 진보를 내포하고 있다. 그것은 생명의 역사가 시간이 지남에 따라 더 잘 적응해가며, 더 다양해지는 진보의 경향을 가졌다는 것을 보여 준다. 단순한 것에서 복잡한 것으로. 적은 것에서 많은 것으로의 발전을 드러내는 것이다.

점진주의자들이 그리는 생명의 역사가 동일한 시간, 법칙 속에서 행해지는 선형적인 진보, 향상의 과정이었다면, 굴드는 '폭발 이후 격감'의 패턴을 통해 연속적인 가운데, 그것이 일거에 전복되어 무화되어 버리는 단속적인 역사 변화의 모습을 보여 주었다. 이 속에서 선형적이고 연속적인 축적물들은 언제나 무너져 버리고, 진보의 벡터는 언제나 탈선해 버린다. 연속적인 축적은 역사 전체의 패턴을 좌우할 수 없다. 굴드가 제시하는 불연속의 역사에서 진보의 경향은 찾아볼 수 없는 것이다. 결국 생명의 역사는 진보의 역사가 아니다.

이뿐만이 아니다. 굴드는 불연속이 만든 역사를 통해 변화에 관한 새로운 관점을 우리에게 제시한다. 우리는 언제나 변화란 조금씩 점진적으로 이루어지는 것이라 생각하며, 점진적 노력을 통해 발전하고 진보할 수 있다고 생각한다. 이런 변화에 대한 이미지는 우리가 변화에 대해 갖는 상반된 감정에서 잘 나타난다. 우리는 변화를 선망함과 동시에 두려워한다. 변화가 두려운 이유는 그것이 매우 혼란스럽고 위험해 보이기 때문이다. 반면 변화를 선망하는 이유는 그 변화의 모습이 현재보다는 나은 모습, 진보된 모습일 거라 기대하기 때문이다. 그래서 우리는 커다란 변화를 이뤄 내기 위해서는 점진적인 변화, 개혁을 해야 한다고 결론 내린다. 그것이 변화하기 위한 가장 안정적인 방법이라는 것이다. 변화에서 수반되는 위험성을 경감시키며 완만하고 질서 있게 변모할 수 있기 때문이다.

이러한 변화에 대한 사고방식은 점진주의에서도 똑같이 드러난다. 그들은 생명을 안정과 항상성을 중심으로 바라본다. 그들에 의하면 생명은 조금씩 안정적으로 발전해야만 한다. 실험과 모험은 없다. 언제나 안정적으로 조금의 향상이, 적응적 형질이 생겨나면, 거기에 또 다른 향상, 또 다른 적응적 변이들을 덧붙이는 식이다. '변화해서 괜찮은지 보고, 괜찮으면 그 다음의 또 다른 변화를 시도하겠다'는 것이다. 아주 조금씩, 아주 조금씩 말이다. 그들은 안정성이 확보되지 않으면 변할 수 없다고 생각한다. 그래서 그들은 암묵적으로 커다란 변화가 일어난 돌연변이는 살아남기가 어렵다고 가정한다. 그들에게 이런 불연속적인 변화는 새로움을 만드는 원천이기는커녕 혼란이자 불안정일 뿐이다.

반면 굴드에게 점진론자들이 혼란으로 보는 이 불연속적인 시기는 진화적인 새로움이 만들어지고 온갖 다양한 실험들이 행해지는 왁자지껄한 창조의 장이다. 이러한 예외적이고 단절적인 축제적 장 속에서 생명은 이런 저런 설계들을 실험하고 변화를 시도했다. 변화는 이런 실험들로 넘쳐나는 축제의 장 속에서 일어났다. 변화란 언제나 기존의 있던 몸 구조, 기존의 배치들을 일거에 끊어내고, 새로운 구조로 도약해야 가능하기 때문이다.

굴드 입장에서는 점진론자들이 말하는 조금의 향상, 그 진보의 축적을 통한 개혁은 허황된 생각이다. 동일한 법칙, 동일한 시간과 배치 속에 존재하는 몸 구조를 아주 조금 바꾼다는 것은 여전히 기존의 시간과 법칙 속에 있는 것이나 다름없다. 이것은 차이 없는 반복일 뿐이다. 점진주의는 아무런 변화 없이 자기 동일성 속에 머물러 있는 것이다. 그 속에서는 근본적인 혁신이나 새로움은 만들어지지 않는다. 새로움은 기존의 법칙과 일상의 시간을 일거에 단절한 후에야 비로소 등장한다. 점진론은 진보를 말하고, 변화를 말하지만 그 자리에 머물러 있기를 바라며, 결국 안정과 보수를 바란다. 이렇게 생명의 역사 속에서 점진론은 보수적인 면모를 보였다.

반면 불연속은 생명의 역사를 창조하고 구축해왔다. 생명의 역사는 불연속성 속에서 진화적 새로움과 혁신을 만들어 왔고, 스스로를 차이화했다. 불연속이야말로 차이들을 생성하는 시간이며, 이러한 시간 속에서 단절, 도약이 일어났고, 그것은 변화를 가져오는 진정한 힘이었다. 그런 변화들이 수십억 년의 생명의 역사를 만들어 왔던 것이다. 생명의 근본적인 변화는 도약하고, 단절했기에 이룩되었고, 기존의 법칙을 무화시키는 단속적인(punctuated) 시간 속에서 새로운 질서와 법칙으로 도약할 수 있었다.

스티븐 제이 굴드의 글쓰기 : 대중 에세이, 공동의 배움터

300번의 연속 행진, 대중 에세이

굴드는 글을 많이 썼다. 그가 40여 년간 연구하면서 남긴 업적을 보라. 22권의 책, 101권의 북 리뷰, 479개의 과학 논문, 300개의 에세이. Michael B. Shermer, "This View of Science:Stephen Jay Gould as Historian of Science and Scientific Historian, Popular Scientist and Scientific Popularizer", *Social Studies of Science*, Vol. 32, No. 4, August 2002, pp.489~524 수많은 전문적인 과학 논문에서부터 대중적인 에세이까지. 이 중에 주목해야 할 것은 바로 굴드의 대중 에세이다. 그는 단 한 번의 결호도 없이, 단 한 번도 원고 마감시간을 넘기는 일 없이 무려 30년 가까운 시간 동안 매달 대중 에세이를 자연사 박물관에서 발행하는 『자연사』(*Natural History*) 잡지에 기고했다. 이러한 에세이의 연속적 행진은 그가 복막중피종이라는 암에 걸려 고통스러운 투병생활을 하는 중에도 이어졌다. 그는 곧 죽을지도 모르는 투병과정 속에도 에세이를 이어 나가며, 이렇게 간절한 바람을 표현한다.

> "나는 매달 배우고 표현하는 새로운 모험을 한다. 그러니 비장하고 결연하게 이렇게 말할 수밖에 '신이여, 아직은 아닙니다. 아직은.' 백 번을 다시 태어나도 그 풍요를 다 알 수 없겠지만, 그저 그 안의 아름다운 조약돌들을 몇 개라도 더 볼 수 있기를." 굴드, 「서문」, 『플라밍고의 미소』, 19쪽

이런 간절한 바람으로 그가 27년간 쓴 에세이의 편수는 무려 300편이나 된다.

극한의 글쓰기 vs 계몽의 글쓰기

굴드는 왜 대중 에세이 쓰기에 이토록 열과 성을 다했을까? 굴드는 자신의 분야를 널리 알리려 하는 전문가의 사명감을 가진 것도 아니었다. 과학에 문외한인 대중들에게 과학을 알기 쉽게 설명해 주기 위해서 대중 에세이를 쓴 것도 아니었다. 또 몇몇 대중들의 무지몽매함을 바로 잡기 위해서 '정리조'와 '훈계조'의 에세이를 쓴 것도 아니었다. 굴드는 대중들에게 참된 과학적 진리의 빛을 선사하는 계몽가의 자리에 스스로를 두지 않았다. 대중을 미성숙하고 몽매한 자들, 계도해야 할 대상으로 보는 것이 계몽가의 시선이다. 대중을 위한 글을 쓸 때 과학자들이 쉽게 빠질 수 있는 태도가 계몽의 태도다. 하지만 굴드의 대중 에세이는 계몽의 구도 속에 있지 않았다.

굴드는 어떤 에세이를 썼을까? 그는 어떤 태도를 지니고 대중 에세이를 썼을까? 이를 알기 위해 우선 그가 과학이란 앎에 대해 어떻게 생각하고 있는지 살펴봐야 한다.

굴드에게 과학은 대상을 객관적으로 연구하고, 사실을 수집하여 일반화하는 과정이 아니다. 굴드가 보기에 완전한 객관 그 자체는 불가능하다. 과학은 인간이 하기에, 관찰자인 인간은 자신이 서 있는 관계들의 맥락으로부터 떨어질 수 없다. 또 관찰대상 역시도 마찬가지다. 오히려 관찰자와 관찰대상을 그들이 존재하는 관계망으로부터 분리하려는 것 자체가 왜곡이다. 그리하여 모든 것은 각자의 관점 위에 설 수밖에 없다. 이는 과학자에게도 예외는 아니다.

과학자들은 자신만의 관점, 독특한 스타일을 가지고 고유의 연구를 수행한다. 그래서 굴드는 과학을 창조성과 창의력, 더 나아가 직관과 편견을 발휘하는 장굴드, 「**무명의 단세포 영웅들**」, 『**다윈 이후**』, 176쪽이라 표현했다. 바로 과학의 장은 어떤 관점 위에 서 있는 과학자들이 자신의 합리적인 이론 혹은 합리적인 편견을 구축하는 장이다. 과학이론은 과학자들이 자신만의 창의성을 발휘해 구성한 일종의 합리적이고 논리적인 의견이자 견해인 것이다. 과학의 연구가 개인의 독특한 사고과정을 반영하기 때문에 이를 편향된 의견이라고도 표현할 수 있겠다. 하지만 굴드가 편견이라 일컬은 것의 의미는 일상적인 의미와는 다르다.

과학이론이 과학자 개인의 독특성, 그리고 그가 서 있는 사회문화적 지반을 반영할 수밖에 없다는 이야기이지, 공상이나 망상을 써놓은 엉망진창의 비논리적인 것이 과학이론이라는 말은 아니다. 합리적이며 과학적인 편견이 과학이론이려면, 과학의 방법과 절차를 지켜야 한다. 이를 지킨다면 상식에 반하거나 기상천외한 이론도 얼마든지 받아들여질 수 있는 곳이 과학연구의 장이다. 그 덕에 과학자들은 창의적이고 혁신적인 이론들을 개진할 수 있다.

이런 과학연구의 장에서 과학자들은 '견해 vs 견해'의 장 속에 서 있다. 여기서 중요한 것은 참/거짓의 문제가 아니라, 얼마나 자신의 관점과 견해를 끝까지 밀고 나아갔는지다. 합리적이고 정합적인 형식으로 자신만의 독특한 이론을 구축하는 것, 어느 누구와도 소통가능한 일반적인 형식으로 자신이 보고 있는 세계를 탁월하게 드러내고 표현하는 것, 이것이 중요하다.

이를 위해 굴드는 글쓰기를 했다. 굴드는 자신의 앎을 시험하고자,

자신의 견해를 끝까지 밀고 가기 위해 글쓰기를 했다. 굴드에게 글쓰기란 자신의 지평을 극한으로 가져가는 자기 배움을 위한 노력이자 실험이었다. 때문에 옳은 과학적 사실로 대중들을 계도하는 글쓰기는 굴드에게 그다지 의미가 없는 일이었다. 글쓰기를 대하는 굴드의 태도는 그가 밝힌 '타협 없는' 에세이 작성 원칙 속에서 잘 드러난다. 굴드, 「서문」, 『플라밍고의 미소』, 13~14쪽

굴드는 대중을 위한 에세이를 쓰고자 했지만, 그렇다고 해서 대중들이 손쉽게 과학을 이해할 수 있도록 과학개념의 미묘하고 풍부한 내용을 잘라 내는 식으로 글을 쓰지 않았다. 굴드의 목표는 되도록이면 전문적인 개념을 쓰지 않으면서, 그 전문 용어가 가지고 있는 미묘하고 풍부한 내용을 일반의 언어로 풀어 내는 것이었다. 이렇게 굴드는 자신의 언어로, 그리고 다른 사람들과 소통할 수 있는 언어로 자신의 앎들을 정리해 나갔다.

대중들을 이해시키기 위한 글이 굴드 자신한테 무슨 도움이 되겠는가. 그런 쉬운 내용은 굴드도 뻔히 아는 이야기일 것이다. 그런 글을 쓰는 것은 굴드로서는 정말 시간 낭비다. 그래서 굴드는 글을 쓸 때 좀더 자신의 공부에 초점을 맞춘다. 그는 글을 쓰기 위해 되도록 1차 문헌을 읽는다. 시간이 없다고 교과서나 2차 문헌 혹은 요약본을 보는 일은 굴드에게 없었다. 독창적인 시각과 언어로 쓰인 1차 문헌으로부터 굴드는 진지하게 배웠고, 배운 것들을 글로 정리하고 시험해 보았다. 글쓰기와 배움에 있어서, 굴드의 사전에 타협은 없었다. 굴드는 정말 열심히 배웠고, 배움으로부터 얻은 앎을 끝까지 전개하고자 했다. 자신의 한계까지 밀어붙이는 타협 없는 극한의 글쓰기──굴드에게 글쓰기는 자기 고유의 관점과 앎을 끝까지 밀어붙여서 자신만의 스타일을 만드는 장

이었다.

타협 없는 글쓰기를 통해 굴드는 자기가 서 있는 지반과 자신의 관점이 깨져 버리는 것을 경험한다. 자신이 저지른 실수나 오류로부터 이를 경험하는 것이다. 실수나 오류는 자신이 서 있는 지평의 한계를 정확히 지적해 준다. 새로운 정보를 동원할 필요 없이, 실수는 자기 자신이 기존에 가졌던 지평을 과감하게 깨 버리는 귀중한 기회를 가져다준다. 굴드는 이런 경험에 대해 "눈에서 비늘이 떨어져 나가는 짜릿함이 있다"굴드, 「뜨거운 공기 가득」, 『여덟 마리 새끼 돼지』, 162쪽라고 말한다. 자신의 지평이 깨지고, 자신이 알던 것들이 뒤집어지는 일은 매우 충격이 큰 만큼, 크게 각인되는 깨달음을 얻을 수 있기 때문이다. 이를 통해 굴드는 편협함으로부터 벗어나 앎의 지평을 더 넓힐 수 있었다.

대중독자, 굴드를 낯선 세계로 인도하다

굴드가 『자연사』 잡지에 에세이를 기고한 뒤에는 어김없이 수많은 대중독자들로부터 편지들이 폭풍처럼 날아왔다. 독자들에게서 날아온 수많은 편지들을 일일이 다 읽느라 잠 못 이루는 밤을 보냈지만, 굴드는 그 편지들이 마냥 좋다. 편지를 통해 독자들과 굴드는 새로 알게 된 새로운 사실을 공유하는 기쁨을 누리기도 한다. 어떤 독자는 굴드에게 격렬한 반대의 의사를 표하기도 하고, 어떤 부분은 잘 모르겠다고 편지를 보내기도 한다. 또 어떤 나이 든 독자들은 자신이 수십 년 동안 쌓아온 지혜와 지식을 총동원해서 굴드에게 조언하기도 한다. 굴드, 「서문」, 『힘내라 브론토사우르스』, 12쪽

독자들의 편지를 통해서 굴드는 자신이 실수했다는 것을 알기도 했

고, 자신의 이야기가 그토록 반향이 클 수 있다는 것에 감사하기도 했고, 독자들이 알려주는 신선하고 새로운 발상들에 놀라기도 했다. 에세이에 대한 사소한 지적에서부터 심오한 평가까지 굴드는 이를 받아들인다. 책으로 출간된 에세이 모음집을 보면, 때때로 에세이 말미에 추신(postscript)이 실린 경우가 있다. 그것은 독자들의 편지를 통해 굴드가 얻은 배움의 기록이기도 했고, 독자들과 이야기를 나누는 대화의 장이기도 했다.

굴드는 독자들의 편지를 비전문가의 허무맹랑한 이야기로 취급하지 않았다. 보통 대중들은 무지몽매의 어둠 속에 살아가며, 전문가의 이야기를 그저 수용해야 하는 존재들이라고 여겨진다. 하지만 굴드에게 대중독자들은 그런 존재들이 아니었다. 굴드에게는 그들, 일반인 독자들이 꼭 필요했다. 굴드는 전문가 사회에 속해 있다. 그러다 보니 자칫하면 편협한 시야 속에 함몰될 위험이 있다. 굴드는 자신의 요새를 굳게 지키는 전문가의 편협함을 경계했다.

굴드가 보기에 전문가의 편협함을 철저하게 깨줄 이들은 바로 외부자들이다. 바로 대중들이다. 그들은 굴드가 가지지 못한 완전히 다른 원천을 가진 다른 종류의 지혜와 지식들을 가진 자들이었다. 낯선 세계, 외부의 세계였다. 오로지 낯선 것만이 자신의 지평을 끝까지 밀어붙이고, 새로운 지평으로 나아가게 해줄 터였다. 단순히 전문가가 비전문가의 이야기를 경청하는 것이 아니라, 대중들은 굴드에게 새로운 배움을 가져다주는 존재들이었다. 그들은 굴드에게는 외부자였고, 굴드를 낯선 세계로 인도하는 자들이었다.

그들이 주는 신선하고 색다른 발상들은 굴드가 연구에 더욱 더 집중하도록 도왔고, 새로운 탐구의 길을 제공하며, 그의 관점과 사고를 끝까지 밀어붙일 수 있게 하였다. 굴드는 그들을 통해 자신의 편협함을 깨고 앎의 지평을 넓혀 갔던 것이다.

굴드는 27년간의 기고를 마감하는 300회 에세이(「나는 상륙 중」 I have landed)에서 독자들과 27년간 만들어 낸 공통의 장이 사라지는 것에 대해 이렇게 아쉬워한다.

이 에세이를 마치면서 매우 아쉬운 것은 물론이거니와, 독자들과의 친목과 상호교감의 기회를 잃게 된다는 사실 역시 통감하고 만다. 우리는 300편의 공동의 배움을 나누지 않았던가? 연재 초반부에, 나의 연구가 본문의 사소한 부분을 해결하는 데 실패했을 때, 나는 (정보를 얻기 위한 아주 실용적인 전략보다는 감정적인 상호교감을 강조하는 수사적 기법으로) 독자들에게 질문을 던지곤 했다. Gould, *I Have Landed : Splashes and Reflections in Natural History*, Vintage, 2003

굴드는 독자들과 이제는 더 이상 함께 할 수 없다는 사실, 이제 더 이상 독자들에 묻고 그들로부터 새로운 통찰을 얻지 못한다는 사실, 독자들로부터 정성스러운 편지를 받지 못한다는 사실, 그들과 함께 공동의 배움을 더 이상 나눌 수 없다는 사실을 통감하고 매우 아쉬워한다. 굴드의 아쉬움이 말해 주듯, 굴드는 대중독자들을 통해서 공부했고, 그들과 함께 상호배움의 장을 만들었다. 이는 대중 글쓰기를 통해서만 가능했다. 전문가적인 연구가 아니라 진정한 아마추어리즘으로 행하는 새로운 과학적 연구 방법, 그리고 일반성의 장으로부터 생명체들을 살려내기 위한 굴드의 노력은 바로 이 글쓰기의 장에서 다듬어지고 갈무리되었다. 굴드는 대중 에세이를 통해 자신의 새로운 방법들을 시도했고, 독자들로부터 배우면서 자신만의 독특한 영토성을 확장하고 개척해 냈다. 그리하여 굴드는 자신만의 독특한 스타일을 만들 수 있었다.

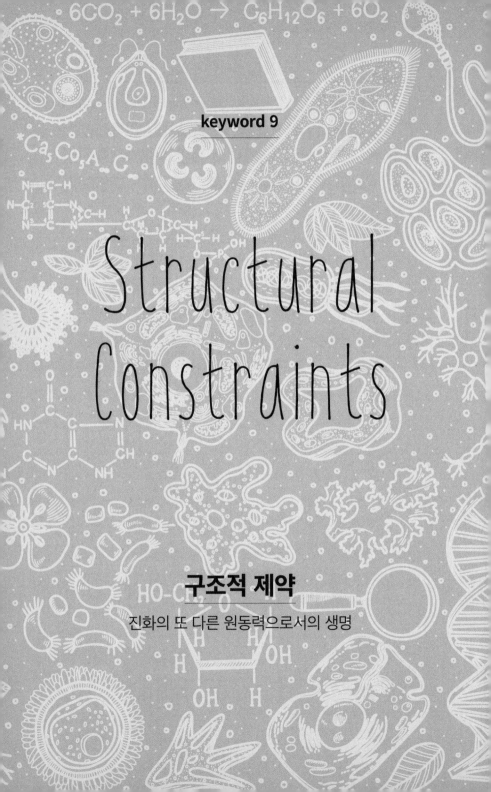

Structural Constraints

구조적 제약

진화의 또 다른 원동력으로서의 생명

자연선택, 진화를 추동하는 가장 강력한 힘?

다윈은 5년간의 비글호 항해, 그리고 이로부터 얻은 소중한 자료를 바탕으로 열심히 연구를 했고, 무수한 변이들로 넘쳐나는 자연으로부터 새로운 종이 생겨날 것이라는 직감을 얻었다. 하지만 이때까지만 해도 그는 종의 탄생을 가져올 만한 창조적 힘이 무엇인지 확실하게 알지 못했다.

다윈은 그 창조적 힘에 대한 힌트를 사육사들이 행하는 인위선택에서 찾았다. 사육사들은 사람들이 선호하는 모양과 형태, 그리고 유익한 특징을 가진 동물들을 선별해서 교배시킨다. 이를 통해 새로운 품종들을 만들어 내고 있었다. 인위선택이 가져다준 결과가 매우 경이로운 나머지, 다윈은 권위 있는 육종가의 말을 인용해 이렇게 말했다. "'선택의 원리가 지닌 대단한 힘'은 '휘두르면 어떤 형태와 체계의 생명이든 마음대로 불러낼 수' 있는 '마술사의 지팡이'와 같다."굴드, 「골턴의 다면체를 통해서 본 개의 삶」, 『여덟 마리 새끼 돼지』, 544쪽 다윈은 인간이 동물을 선별한다는 점에 주목했고, 선택의 원리를 자연으로 확장시켰다.

다윈은 사육재배하에서 행해지는 선택과정이 자연에도 존재한다고 생각했다. 물론 자연의 힘은 인위선택의 위력보다 훨씬 컸다. 그렇기에 다윈은 사육동물보다 야생동물에게서 훨씬 다양하고 커다란 변화가 장대한 세월 동안 자연선택을 통해 만들어질 것이며, 이는 결국 새로운 종의 탄생으로 이어질 것이라 생각했다. 다윈은 자연선택을 자연 전체에 작동하는 근본적인 힘이자, 생명 진화를 추동시키는 매우 중요한 작동원인이라고 보았다.

하지만 다윈은 자연선택만이 진화의 유일한 원동력이라고 생각한 것은 아니다. 그는 『종의 기원』 최종판(5판, 1872)에 이렇게 쓰고 있다.

> 최근 들어 나의 결론이 현저히 잘못 이해되고, 또한 내가 종의 변화를 오로지 자연선택의 결과로 돌리고 있는 것처럼 이야기되고 있으니, 이 책의 초판 및 이후 판에서——즉 서문의 말미에——써 놓았던 다음과 같은 분명한 입장을 여기에서 다시 한 번 강조해도 될 것 같다. '나는 자연선택은 변화의 주요 수단이기는 하지만 유일한 수단은 아니라고 확신하고 있다.' 그러나 이런 입장 표명도 별 효과가 없었다. 끊임없이 계속되는 오해의 힘, 그것은 실로 엄청난 것이었다. 굴드, 「자연선택과 인간의 뇌: 다윈 대 월리스」, 『판다의 엄지』, 65쪽에서 재인용

그럼에도 위빌 톰슨이란 사람은 다윈을 오로지 자연선택만을 강조하는 초선택주의자(panselectionism)라고 희화화했다. 초선택주의자는 모든 진화적 결과가 오로지 자연선택에 의해서 야기된다고 보는 자이다. 이러한 오해에 대해 다윈은 다음과 같이 혹평했다.

나는 위빌 톰슨이 자연선택의 원리를 이해하지 못하고 있다는 것을 발견하고 매우 속이 상했습니다. …… 위빌 톰슨은 종의 진화가 오로지 자연선택에만 의존한다고 말한 자연학자의 이름을 한 명이라도 댈 수 있나요? 제가 쓴 "사육재배하에서의 동식물 변이"에서 볼 수 있듯이, 누구도 신체기관들의 용불용 효과에 대해 저만큼 많은 관찰을 한 사람은 없다고 생각합니다. 이 관찰들은 특별한 목적을 위해 행해졌습니다. 마찬가지로 저는 거기서 생물체에 미치는 외적 조건들의 직접적인 작용을 보여 주는 신체에 관한 고려할 만한 사실들을 제시했습니다.^{S. J. Gould and R. C. Lewontin, "The Spandrels of San Marco and the Panglossian Paradigm: A Critique of the Adaptationist Programme", *Proceedings of the Royal Society B, Biological Sciences*, Vol. 205, No. 1161, Sep. 21, 1979, pp. 581~598}

다윈은 자신을 초선택주의자라고 비평한 위빌 톰슨에게 유감을 표했다. 그는 자신이 자연선택에 커다란 중요성을 부여한 것은 맞지만, 오로지 자연선택에만 집중한 것은 아니라고 역설한다. 다윈은 용불용 효과를 비롯해서 생명체의 외적 형태 변형을 야기한 또 다른 힘들을 주의 깊게 관찰하고 연구하고 있다고 항변한다. 이뿐만이 아니다. 그는 『종의 기원』(1859)과 『인간의 유래』(1871)에서 진화적 변화의 또 다른 원인을 제시한 바 있다. 바로 번식을 위한 성 선택(sexual selection)이다. 다윈은 또한 자연선택의 힘과 관계없이 중요한 기관을 만들어 낸 또 다른 요인으로 상관변이를 제시하기도 했다.다윈, 『종의 기원』, 211쪽 다윈은 진화를 이끌 수 있는 다양한 작인들과 다원적인 힘들의 가능성을 배제하지 않았다. 다윈은 자연선택을 진화의 배타적 힘으로서 가정하지 않았다.

적응주의, 생물을 필연적 법칙 속에 가두다

자연선택이 진화의 유일한 원동력이 아니라고 다윈이 주장했음에도 불구하고, 그 분명한 입장 표명은 점점 잊혀져 갔다. 세월이 지나 다윈의 자연선택 이론은 승리했고, 현대의 진화론자들은 다윈의 이론을 보수적이고 경직된 형태로 받아들여 현대적 종합(Modern Synthesis), 신다윈주의(Neo-Darwinism)를 수립했다. 스티븐 제이 굴드는 이를 두고 '경화된'(hardening) 종합Gould, *The Structure of Evolutionary Theory*, p.521 이라고 말한다. 그 경화의 과정은 다원적인(pluralistic) 진화적 힘을 자연선택으로 일원화하는 작업이었다. 그 결과 또 다른 진화적 힘의 가능성은 사장되었다. 자연선택이론은 자연계의 변화를 지배하고 추동하는 원리이자 법칙으로 공인되었다.

그후 현대 진화론자들 대부분은 자연선택의 창조력을 지나치게 믿었고, 이를 진화의 매우 강력한 힘, 거의 유일한 힘으로 보았다. 다른 힘을 인정하지 않는다는 점에서 자연선택이론은 배타적인 원리로 자리 잡았다. 그들에게 생명체의 특정한 변화, 더 나아가 새로운 종의 탄생은 오로지 자연선택에 의한 적응과정으로 만들어지는 것이었다. 바로 진화에 대한 이런 시각을 '적응주의'라 한다.

굴드는 현대적 종합의 적응주의가 생명의 진화를 제대로 이해할 수 없게 만든다고 말한다. 왜냐하면 이러한 견해는 진화사를 연구하는 데 필수적으로 고려해야할 진화적 주체, 즉 생명 자체에 대한 이야기를 등한시하기 때문이다. 적응주의하에서 자연선택의 지위는 압도적이며, 생명은 진화의 과정에 어떤 영향력도 미치지 못하는 자연선택의 재료에 불과하다. 자연선택이 창조성을 발휘하기 위한 원재료(raw material)로서의 생명은 다음과 같은 조건을 만족해야 한다.

오직 원재료로서 작용하기 위해서, 변이는 서로 충돌되는 두 가지 제안 사이를 줄타기 하며 나아가야 한다. 무엇보다 우선, 변이는 충분한 양이 존재해야 한다. 왜냐하면 자연선택은 아무것도 만들 수 없기에, 이미 제공된 풍부한 재료에 의존해야만 하기 때문이다. 그러나 변이는 스스로 변화의 창조적인 작인이 될 정도로 너무 눈에 띄거나 현저해서는 안 된다. 요컨대, 변이는 양적인 면에서 방대하고(copious), 크기 면에서는 작고(small in extent) 그리고 방향성이 없어야(undirected) 한다.Gould, *ibid*, p.141

자연선택의 손길은 눈먼 기술자라 할 정도로 매우 서툴러 창조성을 발휘하는 과정에서 실패작을 만들 확률이 높다. 수많은 시행착오가 필요하기에 풍부한 양의 원재료가 제공되어야 한다. 그리고 재료 자체의 변화가 커서, 한번에 눈에 띌 정도의 변화를 만들어 내면, 예술가인 자연선택이 할 일이 없어지게 된다. 때문에 변화가 크면 안 된다. 마지막으로 원재료는 자연선택의 손길 속에 얌전히 존재해야 한다. 재료 고유의 성질이 존재하여 창작자의 계획을 바꾸도록 만들면 안 된다. 즉, 생명은 고유의 성질이 탈각되어 어떤 방향으로도 자유자재로 성형이 가능한 재료가 되어야 한다. 생명의 변이는 방향성이 없는(undirected) 상태, 사실상 등방적(等方的, isotropic)이어야 한다.

배타적 자연선택 법칙이라는 틀 속에서 생명은 그 고유의 성질이 탈각된 수동적 물질로 전락해 버린다. 개개의 생물 종들은 개개의 특성을 지니고 있지 않는가. 하지만 적응주의 프로그램하에서 개개의 독특성은 추상화된다. 생물들은 그저 가공가능한 원재료로 취급될 뿐이다. 이런 가정 속에서 생물은 그야말로 무능력한 존재다. 생명은 자연선택에 의해서 좌지우지되는 종속변수로, 진화의 향방에 어떤 영향도 미치지 못하는 물질이 된다. 적응주의하에서 생명은 그들의 삶과 죽음을 자연선택의 창작을 위한 재료로서 공급한다.

유명한 프랑스의 생화학자 자크 모노는 그의 책, 『우연과 필연』에서 이러한 사고방식을 잘 표현하고 있다. 그는 진화란 우연과 필연의 과정이라고 말했다.

생명체는 변이를, 궁극적으로는 돌연변이를 생산함으로써 집단 구성원 가운데 "제안"된다. 이 변이는——변이는 자크 모노의 유명한 은유, "우연과 필연"에서의 우연이고……——자연선택 (모노에게서는 필연……)이라는 인과과정을 위한 원재료로써 작용한다. 즉 생명체는 제안되고, (생명체와 관계맺는) 환경은 처리한다.

이러한 생명체의 변이 생산은 진화의 내적 구성요소를 제공한다. 환경의 선택과정은 형태적인 결과를 표시한다. 이 내적인 요인과 외적인 요인은 다윈주의 이론 안에서 확연하게 다른 역할을 한다——자크 모노의 "우연과 필연"이라는 대조에서 매우 잘 요약해 주듯이 말이다. 내부적인 요소들은 오직 재료만을 공급해 줄 뿐, 변화의 속도나 벡터를 정립할 수 없다. 이러한 주장은——변이는 방향성이 아니라 잠재력을 제공한다는——다윈주의의 철학과 메커니즘의 근본적 토대가 되는 전제다. 외적인 요소로서의 자연선택이 진화적 변화의 방향——궁극적으로 속도와 양상에 대해서도——에 대해 전적으로 책임지고 있다. Gould,

The Structure of Evolutionary Theory, p.1027

현대 생물학에서 변이란 DNA 염기서열의 무작위적이고 우연적인 돌연변이다. 이런 DNA 돌연변이 과정이 모든 변이의 원천이 된다. 하지만 DNA 돌연변이가 한 번 일어났다고, 주목할 만한 변화가 생기는 것은 아니다. DNA 돌연변이의 대부분은 DNA 염기의 아주 미세한 변화이기에 자연선택의 영향하에 있는 표현형(실제 두드러지는 형질)에는 변화를 가져오지 못한다. 시간이 흘러감에 따라 유전자 수준에서 우연적으로 일어난 DNA 돌연변이는 점차 쌓이게 되고, 이는 형질의 변화(표현형의 변화)를 가져온다. 이렇게 우연의 과정인 DNA 돌연변이는 표현형에 변화를 가져오고, 여기에 '생존에 적합한 개체는 살고, 그렇지 못한 개체는 죽는' 필연의 손길이 미치게 된다. 바로 자연선택의 법칙이 적용되는 것이다. 자크 모노는 이렇게 돌연변이라는 '우연'의 과정과 자연선택이라는 '필연'의 과정을 통해 진화가 이루어진다고 보았다. 결국 그는 생명을 진화의 과정에 원재료를 제공해 주는 우연적이고 수동적인 요소로 파악했던 것이다.

진화론의 경직화, 위기를 부르다

굴드는 일원화된 법칙으로서의 자연선택, 이에 종속되는 수동적이고 무능력한 생명으로는 진화의 과정을 제대로 설명할 수 없다고 말한다. 또한 배타적 힘으로서의 자연선택은 자연에 존재하는 다양한 힘들을 파악할 수 없도록 만든다. 생명을 자연선택이라는 틀 속에 가두는 설명방식으로 일관하다가는 진화론이 무너질 위기에 처할 것이다. 그래서 굴드는 적응주의 중심의 신다윈주의를 금이 가서 언제 무너질지도 모르는 건물에 비유했다.

다윈주의 진화론자들은 이 건물을 과도하게 확신해 왔다. 자연 선택이라는 건축가에 의해 형성된 이 건물은 물론 종이카드로 만들어진 집은 아니다. 하지만 벽 여기저기에 금이 가서 이제 언제라도 무너질 수 있는 상태일 수도 있다.Gould, *The Structure of Evolutionary Theory*, p.341

굴드가 보기에 현대의 진화론은 자신을 풍성하고 견고하게 만들 수 있는 적응주의 이외의 다른 관점들을 내쳤기에 위기에 빠 졌다. 적응주의만으로는 결코 생명의 진화를 설명할 수 없으며, 이러한 적응주의 일변도의 진화론은 점점 설명력과 설득력을 잃 어가게 될 것이다. 진화의 원동력을 자연선택으로 일원화시키고 있는 진화론의 경직화(hardening), 이것이 굴드가 진단한 현대 진 화론의 위기였다.

능동적인 힘으로서의 신체적 제약

굴드는 무너져 가는 현대 진화론을 어떻게 되살리려할까? 굴드는 진화론의 위기에 어떤 처방을 내릴까? 굴드가 내린 처방은 생명 으로부터 자연선택에 필적할 만한 힘을 길어올리는 것이었다. 그 힘은 유기체 내부의 역사적·구조적 본성에서 비롯되는 힘이다. 신다윈주의가 형성되는 과정에서 부차적인 것으로 치부되었던 이 힘은 생명의 내적인 구조로부터 비롯된 신체적 제약이다. 이는 앞서(2장) 등장한 바가 있지만, 다시 복습해 보자.

생명은 억겁의 세월과 함께 현재의 환경에 도달했다. 즉 생명은 역사성을 지닌 존재다. 때문에 그들은 과거와의 연속성 속에서 조상들로부터 해부학적이고, 유전적이며, 발생학적인 구조들을 물려받았다. 그래서 생명체는 물리적 제약의 한도 내에서 변할 수밖에 없다. 이를 역사적 제약(historical constraints)이라고 한다. 역사적 제약 속에서 생명은 이미 '경로화된' 길 중 몇몇을 선택하여 살아갈 수밖에 없다. 조상들로부터 물려받은 해부학적 설계, 발생학적 단계로부터 완벽하게 자유로울 수 없는 것이다. 그렇기에 이를 신체적 제약(구조적 제약)이라고도 한다.

굴드가 제시하는 또 다른 힘이 역사적 제약 혹은 신체적 제약이라고 하니 생기는 의문점이 한두 가지가 아니다. 자연선택과 같이 거창한 작인 말고, 신체적 제약이 무슨 힘이냐고 말할지도 모르겠다. 또 그 힘이라고 해봤자 무언가를 방해한다는 의미에서 소극적이고 반응적인 힘이 아니냐고 반문할지도 모른다. 그래서 이것이 진화를 추동할 만큼 자연선택에 필적할 만한 힘일까 의심이 들지도 모르겠다.

하지만 제약이라는 말에 너무 사로잡혀 신체적 제약을 부정적으로 보거나 과소평하지는 말자. 굴드 역시도 '제약'이라는 말이 매우 편파적인 용어임을 잘 안다. 정통 다윈주의에서 '제약'은 진화의 주된 원동력인 자연선택에 방해가 되는 요소로, 부정적이고 소극적인 것으로 인식되고 있다. 하지만 굴드는 이 용어를 긍정적이며 실정적인(positive) 무엇으로 바꿔 쓴다. 굴드가 어떻게 신체적 제약에 담긴 수동적이고 반응적이며 부정적인 느낌들을 지워 내며, 신체적 제약이 지닌 능동적이고 창조적인 힘을 실감나게 보여 줄지 살펴보자.

굴드는 이를 개 육종가의 사례를 통해 설명한다. 인간의 친구, 개는 야생늑대로부터 유래했다. 늑대의 일부 집단은 인간에게 길들여져 개로 진화했다. 다른 동물도 아니고 하필 늑대를 길들였던 이유는 무엇일까? 당연한 말이지만 늑대는 길들이는 것이 가능한 동물이었기 때문이다. 이 당연한 말에 제약이 일종의 적극적인 힘이라는 심오한 의미가 깃들어 있다.

카니스 루푸스(Canis lupus), 개의 조상은 서열과 지배의 위계 구조를 지닌 사회적 종이었다. 인간은 늑대의 타고난 행동양식을 취해 그들을 길들였다. 만약 호랑이를 길들이려고 했다면 어땠을까? 아마도 불가능했을 것이다. 인간이 원한다 해서 모든 야생동물을 찰흙 주무르듯 마음대로 길들일 수 없다. 어떤 야생동물은 절대 길들일 수 없을 것이고, 어떤 야생동물은 일정 부분 가능할 수도 있다. 각 종이 지닌 역사적 유산이 그들을 특정한 방향으로 유도하기 때문이다. 각각의 종들은 그들 나름의 역사적·구조적 제약에서 비롯된 본성을 지닌다. 이 때문에 본성적으로나 신체적으로나 변화할 수 있는 일정한 한계가 존재한다. 그 한계는 각각의 종들에게 변이의 가능한 경로와 양식들이 방향지워져 있다는 것을 말해 준다.

제약은 동물들을 육종하는 사육가들에게 커다란 영향을 미친다. 즉 각각의 동물들이 가진 역사적 유산은 육종가들에게 모종의 힘을 '행사'한다. 생명체의 제약이 육종가들로 하여금 선택의 폭을 좁히도록 '강제'하는 것이다. 이렇게 육종가들을 강제하는 힘이 바로 생물체들에 존재하는 설계상의 제약이다. 제약은 적극적이고 능동적인 힘으로 작용하는 것이다. 생명에게 이러한 힘이 존재하기에 육종가들은 길들일 수 있는 야생동물만을 취할 수 있었다.

신체적 제약은 육종가들의 선택에 커다란 힘으로 작용하여, 그들의 선별을 좌지우지하기도 한다. 제약은 단순히 육종가들의 작업을 방해할 뿐인 소극적이고 성가신 장애물이 아니다. 그것은 어떤 힘에 대한 힘, 즉 반응적이고 반발적인 힘도 아니다. 제약은 생명의 내적인 구조로부터 비롯한 힘으로, 그리고 육종가와 대등한 능동적이고 주체적인 작인으로써 육종가에게 힘을 행사하고, 변화의 방향과 경로를 지시하는 능동적인 행위자이다.

자연이라고 해서 이와 다를까. 생물들이 지닌 역사적이고 구조적인 제약은 자연선택에 강제력을 행사하며, 진화의 경로를 결정한다. 예를 들어 숲속에 사는 토끼가 날개가 있는 것이 생존에 유리하다고 해서, 자연선택의 과정을 거쳐 날개를 만들어 낼 수는 없는 법이다. 그 이유는 바로 그들이 물려받은 발생적, 유전적 제약 때문이다. 토끼 내부에 존재하는 변이의 가능한 경로, 즉 역사적 제약이 자연선택에 힘을 행사하는 것이다.

생명은 조상들로부터 물려받은 역사적 유산 덕택에 자연선택을 강제할 수 있는 변이의 방향성을 지니며, 이로써 진화사 속에서 능동적인 행위자로 되었다. 능동적 생명은 자연선택에 의해 무한정 좌지우지되지 않는다. 적응주의적 가정에서 생명의 변이는 무방향적이며 등방(等方)적이었다. 하지만 이는 역사적·구조적 힘을 물려받은 생명 존재의 본성을 무시한 가정이었다. 굴드는 생명을 조상들로부터 물려받은 신체 구조의 내적 힘을 가지는 존재로, 그 힘을 진화의 과정 속에 발휘하는 존재로 그려내고 있다. 이로써 굴드는 무능력하며 수동적이었던 생명에게 다시금 생생한 힘을 불어넣어 준다. 또한 굴드는 능동적인 생명의 힘을 내세우면서, 자연선택이 진화를 추동하는 유일한 힘이 아님을 역설하고 있다.

한계와 기회는 쌍둥이 : 개체발생과정과 상대성장

제약은 진화의 경로를 결정하는 실정적이고 능동적인 힘이다. 이들은 어떻게 창조적인 작업을 수행할까? 굴드는 창조적인 힘으로써 작용하는 제약의 예로서 개체발생과정과 상대성장을 든다. 상대성장 측정학은 긴밀하게 연결되고, 상호연관된(correlated) 신체 기관들의 변화, 즉 각 부분들이 밀접하게 연관된 유기체의 변화를 다룬다. 생명체가 성장할 때 그들 신체의 몇몇 부분들은 밀접한 관련을 가지며 변한다. 상대성장 측정학은 이 신체 부분들의 상대적 성장 속도를 비교하며 수치화한다. 예를 들어, 강아지

가 개로 자랄 때, 강아지 머리의 성장 속도는 몸의 성장 속도와 밀접한 상호연관성이 있다. 머리 크기가 변하지 않으면서 몸 크기만 변할 수는 없다. 대개 얼굴, 턱, 두개골 길이, 몸 크기 등은 강한 상호 연관하에 서로 비슷한 속도로 늘어난다.

한편 기관들의 상호연관 속에서 어떤 기관들은 각자만의 특성을 가지고 각자만의 성장속도를 가지기도 한다. 개의 경우, 머리(두개골)의 너비가 그렇다. 강아지 머리의 길이의 성장 속도가 몸집이 늘어나는 속도에 일정하게 묶여 있다면, 강아지 머리의 너비의 성장 속도는 이와 반대다. 강아지 머리의 너비는 몸 크기의 성장 속도와 상관없이 다양한 변이의 폭을 가진다.

머리의 폭의 다양한 성장속도에 따라 다양한 개품종이 만들어진다. 강아지 머리의 너비의 성장 속도가 머리 길이의 성장속도에 비해 빠르다면, 얼굴이 넓적하고 코가 짧은 불독 같은 개들이 나오며, 이에 반해 머리의 너비가 상대적으로 느리게 성장하면 그레이하운드 같이 길쭉한 얼굴을 가진 개가 탄생할 것이다. 불독은 보통 개의 두개골이 앞뒤로 압착되어 만들어진 품종일 것 같지만, 머리 길이에 비해 머리 너비가 빠르게 성장해서 넓적한 모습을 보이는 것이다.

이처럼 강아지 머리 길이는 몸의 크기에 속박되어 있지만, 그에 비하면 머리의 너비는 자유롭게 변한다. 머리 길이는 일정한 제약하에 있지만, 머리 너비는 다양한 형태의 변이를 만들어 낼 수 있다. 이러한 상대성장학적인 상호연관, 혹은 상대성장학적인 구속(제약) 속에서 생물들은 다양한 형태들로 진화해 갔다. 우리는 상대성장 측정학을 통해서 상호연관된 신체기관 자체가 진화적 변화의 보고(寶庫)이자 창조성의 장임을 알 수 있다.

무한한 잠재력을 가진 역사적 제약 중 또 하나는 개체발생패턴이다. 개체발생패턴은 어떤 '개체가 태아에서 성체로 자라는 과정에서의 형태변화를 말한다.' 굴드, 「골턴의 다면체를 통해서 본 개의 삶」, 『여덟 마리 새끼 돼지』, 550쪽 개구리의 경우로 말하자면, 올챙이에서 개구리가 되는 과정에서 벌어지는 형태변화패턴이 개체발생패턴이다. 어느 시기에는 뒷다리가 나오고, 또 어떤 시기에는 꼬리가 사라지고, 아가미가 없어지는 등등의 일련의 과정이다.

개구리 얘기는 이쯤에서 그만두고, 다시 개의 성장 이야기로 돌아가 보자. 우리는 개의 개체발생패턴을 통해서 어떤 시기에 어떤 기관이 발달하고, 어떤 시기에 성적 성숙이 이루어지는지 알 수 있다. 각 종의 개체발생패턴은 그 품종이 지닌 고유의 것으로 역사적 제약에 해당된다. 강아지에서부터 성견까지의 성장과정이 고정된 길 혹은 수로처럼 주어진다. 특정 종의 개는 정해진 성장 과정을 거쳐 성견이 된다. 왜냐하면 그들은 공통의 조상들로부터 공통의 성장과정을 물려받았기 때문이다.

육종가들은 개의 개체발생과정을 이용해, 다양한 품종을 만들어냈다. 그들은 개의 성장과정 중 특정 부분의 어떤 단계를 절단, 채취한다. 예를 들면, 소형견은 순하고 쾌활하게 행동하는 개들을 선별하는 과정에서 생겨났다. 개를 키우는 사람들은 그들을 잘 따르는 유아기 동물의 유순하고 유연한 행동을 선호했고, 그 과정에서 성적으로 조숙한 성견이 되어도 유아적인 특징들을 지닌 개들이 선택되었다. 그 개들은 성적으로 조숙하지만, 형태는 작고 행동은 유아적이었다. 조상종과 비교해 봤을 때 성적 성숙에 이를 때까지의 소형견의 신체 성장은 매우 뒤처진 셈이다. 육종가들은 선택적 교배를 통해 조상종의 성적성숙과정은 그대로 두고, 신체성숙과정을 지체시켰다. 즉 신체성장과정의 후반부를 없애 버린 것이다. 결국 소형견은 그 신체 발달과정이 개체발생 단계 초기에 머무르게 되면서 성견이 되어서도 조상 종의 어릴 적 모습을 지니게 되었다.

이런 식의 개체발생패턴 변화를 유형성숙(幼形成熟, neoteny)이라고 부른다. 개체발생과정에서 다른 성장과정들에 비해 상대적으로 특정한 성장과정들이 느려지거나 빨라지는 일, 어떤 특징이나 형질의 발생이 다른 것들의 발생에 비해 지체되거나 촉진되는 일을 이시성(Heterochrony, 異時性)이라 한다.(앞서 '동안 외모'를 뽐냈던 양서류 아호로틀도 유성성숙에 해당된다.)

상대성장학적인 개체발생은 긍정적인 제약으로서의 경로(Channel)를 만들었다면, 이시성(heterochrony)은 진화적인 활용을 위한 손쉽고 효과적인 메커니즘을 제공한다. 단일한 형질, 상호연관된 특성들의 크고 작은 복합체들, 심지어 표현형 발현의 전 단계들에 대한 선택적인 가속과 지체에 의해, 이시성은 개체발생 궤도를 가로지르는 특징들을 차등적으로 늘리거나 압축할 수 있다.Gould, *The Structure of Evolutionary Theory*, p.1038

개의 상대성장학적인 개체발생과정은 육종가들을 제한하지만, 무궁무진한 변화가능성의 장을 가져다준다. 그 속에서 육종가들은 발생과정의 이시성을 이용해 개의 개체발생과정을 늘이거나 압축하면서 변화를 만들어 낸다. 인간은 "형태학적으로 발생과정의 양극단 사이에 놓인 여러 단계 중 하나를 취한다".굴드, 「골턴의 다면체를 통해서 본 개의 삶」, 『여덟 마리 새끼 돼지』, 556쪽 이는 "성장의 내재적 제약들이 결정해 둔 불변의 기본 패턴을 살짝 뒤튼 것에 불과하다."굴드, 같은 곳 이렇게 개체발생과정을 재료로 다양한 개 품종이 나오는 것이다.

개체발생과정의 무궁무진한 잠재력은 오직 육종가와 개에게만 한정된 것은 아닐 것이다. 이는 진화적 변화에도 무한한 잠재력을 제공한다. 예컨대 인간의 진화는 앞서 얘기한 유형성숙의 과정이었다. 인간이 원숭이로부터 진화했다는 사실은 누구나 아는 사실이다. 그렇다면 어떻게 진화했을까? 그것은 우리 선조의 개체발생단계에서 성적 성숙에 비해 신체의 성장을 지체시키면서 진행되었다. "인류는 우리의 선조가 어린 시기에 가지고 있던 특징을 어른이 될 때까지 유지하면서 지금까지 진화했다."굴드, 「미키 마우스에게 보내는 생물학적 경의」, 『판다의 엄지』, 142쪽 형태적인 측면에서 보면 인류의 얼굴 형태는 원숭이의 유아기 때의 모습과 비슷하다. 원숭이는 성장과정에서 두개골이 길어지고, 턱이 커지며, 눈이 작아지면서 유아화된 형태를 벗어난다. 하지만 인류는 조상의 개체발생단계를 변형하면서 조상의 어린 시절 모습을 어른이 될 때까지 유지하게 된다.

진화적 변화는 기존에 존재하던 개체발생과정을 응용하여 일어나는 것이 가장 쉽지 않겠는가. 여기를 조금 늘리고 저기를 한두 단계 잘라내고, 기관들과 부분들의 상대적인 발달시기를 바꾸면서 말이다.굴드, 「흠 없는 비둘기가 죄 많은 마음에 알려주는 바」, 『여덟 마리 새끼 돼지』, 524쪽

기존에 존재하는 개체발생과정을 비롯해 조상들로부터 물려받은 역사적 제약을 원동력 삼아 생명체들은 진화해 나간다. 상대성장학에서 보이는 신체적 제약도 마찬가지다. 이들, "역사적 유산은 천 가지 대안적 경로들을 품은 융통성 있는"굴드, 「국새 원리」, 『여덟 마리 새끼 돼지』, 541쪽 보물창고다.

물론 "한계와 기회는 쌍둥이 같은 것으로", "제약 때문에 몇몇 환상적인 가능성들이 배제되는 것은 사실이지만, 한편으로 제약은 변화의 가능성들을 가득 담은 커다란 풀이다."굴드, 「골턴의 다면체를 통해서 본 개의 삶」, 『여덟 마리 새끼 돼지』, 558쪽 역사적 제약에는 무수한 변화의 가능성, 생명진화를 가져올 수 있는 힘이 존재한다. 역사는 구속이자 한계이지만, 한편으로 새로운 차이들과 변화들이 생산되는 무궁무진한 생성의 장이다.

이렇게 굴드는 구조적·역사적 유물이 가져다준 생물 변이의 방향성, 그리고 변이의 경로(channel)들이 무궁무진한 진화적 힘이자 창조적 원천임을 보였다. 이로써 굴드는 능동적이며 적극적인 힘으로서의 '제약'을 제시하고 있다. 굴드의 관점 속에서 제약은 자연선택에 방해물이 되는 부차적이며 부정적인 힘으로 작용

하지 않는다. 그 힘은 생명 내부에 존재하며, 자연선택과 대등한 힘이다.

———

통합된 전체, 생명이 지닌 내재적 힘

———

굴드는 생물들의 변화를 가져올 수 있는 또 다른 힘을 생명 내부에서 길어 냈다. 그것은 생물 외부에서 영향을 미치는 자연선택과는 다른, 모든 생명이 가지고 있는 내재적인 힘이었다. 굴드는 생명체를 특정한 힘을 지닌 환원불가능한 통합적 신체로 본다.

> 적응주의 프로그램(adaptationist programme)은 지난 40년간 영국과 미국의 진화론을 지배해 온 사고방식이었다. 이 프로그램은 자연선택의 힘이 생명을 최적적응으로 이끄는 작인이라고 믿는 신념에 기반하고 있다. 적응주의 프로그램은 생명체를 하나의 단일한 '형질'들로 분해하고, 서로 분리되어 있다고 생각하는 형질들 각각에 적응적 설명을 제시한다. (형질들의) 경쟁하는 선택적 요구들 사이의 타협은 생물의 완전성에 유일한 장애물이다; 그러므로 비-최적성 역시도 적응의 결과다. 우리는 이러한 접근법을 비판하며, 이것과는 다른 유럽대륙에서 오래도록 선호해왔던 개념들을 주장하고자 한다. 그 개념들에 의하면 생명체는 계통적 유산(phyletic heritage), 발생학적 경로, 일반

적인 신체적 구조에 의해 제약되는 신체기본설계(Bauplane)를 지니고 있는 하나의 통합된 전체(integrated wholes)로서 연구 되어야만 한다. 그 제약(constraints) 자체는 생명체가 변화할 때 그 변화의 경로에 제한을 가한다는 점에서 선택압이 변화를 매 개한다는 사고방식에 비해 훨씬 흥미롭고 중요하게 된다. …… 우리는 진화적 변화의 작인을 다양하게 정의내린 다윈 자신의 다원적 접근법(pluralistic approach)을 지지한다.S. J. Gould and R. C. Lewontin, "The Spandrels of San Marco and the Panglossian Paradigm: A Critique of the Adaptationist Programme", *Proceedings of the Royal Society B, Biological Sciences*, Vol. 205, No. 1161, Sep. 21, 1979, pp. 581~598

생명은 그 자체로 통합된 전체다. 이 통합된 전체는 법칙에 수 동적으로 존재하지 않는다. 통합된 전체로서의 생명은 그들 나름 의 힘, 역사적 제약을 포함한 신체기본설계(보우플랑)와 구조적 본 성을 가진 존재다. 그로부터 나오는 힘은 자연선택의 힘대로 생명 을 부분으로 절단하도록 허락하지 않는다. 그 힘은 오히려 자연선 택으로 하여금 자신에게 새겨진 역사적 경로들, 변화 가능한 경 로와 양식들을 따라가도록 강제할 것이다. 굴드는 통합된 전체로 서 내재적 힘을 지닌 생명체를 자연선택만을 숭배하는 적응주의 자들 앞에 내놓았다. 그들에게 굴드는 이렇게 말하는 듯하다. 생명 의 역사에는 자연선택 말고도 생명이 지닌 내재적 힘이 존재한다 고. 그러한 생명체 본연이 지닌 구조적 본성과 힘은 자연선택 못 지않다고. 자연선택과 생명 내부의 구조적 힘, 우열을 가릴 수 없는 두 가지 힘이 존재한다고. 진화에 영향을 미치는 힘들의 다원화 (Pluralism)! 굴드는 '진화에 대한 다윈의 다원주의적 접근방식'을 본받아 가장 다원적으로 배타적인 자연선택이론에 대항했다.

산마르코 성당의 스팬드럴과 팡글로스 패러다임

1장 팡글로스 패러다임에서부터 이번 장에 이르기까지 계속 언급된 논문, 「산마르코 성당의 스팬드럴과 팡글로스 패러다임 : 적응주의 프로그램에 대한 비판」은 굴드의 절친한 사상적 동지이자 동료 연구자인 르원틴과 함께 쓴 논문이다. 논문 제목만 보아서는 건축과 예술에 관련된 글 같지만, 이 논문은 생명의 진화를 협소하게 바라보는 당시의 진화생물학계를 향해 날린 비판의 직격탄이었다. 굴드와 르원틴은 자연선택에 무한한 힘을 부여하고, 그것만이 진화의 유일한 원동력이라고 주장하는 자들을 '적응주의자'(Adaptationist)라 명명하고, 이들이 하고있는 생명진화에 대한 사고방식, 즉 '적응주의 프로그램'(Adaptationist Programme)에 대해 풍자와 공격을 서슴지 않았다. 굴드는 자연선택을 통해서만 진화를 판단하는, 결국 모든 것을 적응적 형질로 보는 과도한 확신, '자연선택 만능론'을 산마르코 성당의 스팬드럴을 통해 풍자했다. 비판과 풍자조차 이렇게 아름답게 할 수 있다니 놀랍기만 하다.

　이탈리아 베네치아에 있는 산마르코 성당에는 다섯 개의 돔이 있다. 그 둥근 지붕은 네 개의 아치형 기둥 위에 세워지는데 둥근 지붕과 아치형 사이는 바로 스팬드럴(Spandrel)이라는 삼각형 벽이 채워져 있다. 돔은 반구의 모양을 하고 있고 이를 4분면으로 나눈다면, 그 4분면은 각각의 스팬드럴과 만난다. 이 스팬드럴은 네 명의 복음 전도자들을 나타내는 모자이크 장식으로 꾸며져 있었다. 스팬드럴에 그려져 있는 성스러운 그림, 스팬드럴과 어우러진 아치형 기둥과 돔. 스팬드럴을

보면 매우 정교하고, 조화롭게 보인다. 그래서 이 삼각형 모양의 스팬드럴은 정확한 의도와 목적을 가지고 만든 설계처럼 보인다. 그래서 이들이 건축물의 핵심적인 요소로 설계되었다는 생각이 들지도 모르겠다.

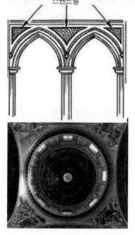

스팬드럴

하지만 이는 옳지 못한 분석이다. 물론 스팬드럴의 모자이크 조각 장식들이 매우 환상적이고 멋지기 때문에 그림을 그려 넣기 위한 장소로서, 스팬드럴이 설계된 것이라고 생각할 수 있다. 하지만 그것은 어떤 목적으로 설계된 것이 아니다. 사실 스팬드럴은 '건축학적 제약'에서 비롯되었다. 그것은 무거운 돔지붕의 무게를 지탱하기 위해 만들어졌다. 즉 돔과 아치형 기둥에 포함될 수밖에 없는 설계상의 부산물이다. 때문에 스팬드럴을 그림을 그려 넣기 위해 설계했다고 간주하는 것은 본말을 전도시킨 해석인 것이다.

굴드가 보기에 현대의 진화생물학자들이 행하는 설명은 이와 비슷했다. 마치 스팬드럴이 특정한 목적을 위해 설계되었다고 생각하듯이 그들은 생물의 어떤 기관이 유용성이라는 목적 때문에 존재한다고 바라본다. 그래서 그것이 존재하는 이유는 반드시 거기에 어떤 기능이 존재하기 때문이며, 그렇기에 이런 구조가 생겨나게 되었다고 설명한다.

예를 들어 사람의 젖가슴이 두 개인 이유는 그것이 단생아 출산(평균적으로 한 명의 아이를 출산)을 하는 인간에 유리하기 때문이고, 원시부족의 식인 풍습도 그것이 단백질 부족에 시달리는 사람들에게 유리한 생존방식이었기에 선택되었다고 설명하는 것이다. 하지만 스팬드럴이 건축상의 제약으로부터 생겨난 부산물이듯, 사람의 젖가슴 역시도 신체 설계상의 부산물이다. 젖가슴이 두 개인 이유는 우리의 해부 구조가 좌우대칭형이기 때문이다. 눈, 콧구멍, 귀, 팔, 다리, 등이 그렇지 않은가. 굴드, 「흠 없는 비둘기가 죄 많은 마음에 알려주는 바」, 『여덟 마리 새끼 돼지』, 524쪽 단생아 출산보다는 좌우대칭형 구조가 젖가슴의 개수를 결정한 주된 요인이라는 것이다. 또 아즈텍인들의 식인은 적응적 형질이 아니라, 그들의 문화와 세계관 속에서 나온 부차적 결과이다. 현대의 진화론자들은 자연선택을 너무 신봉한 나머지 이런 식의 이상한 설명을 하고 있다.

이런 의미에서 굴드와 르원틴은 적응주의 프로그램이 마치 볼테르의 소설 『캉디드』에 나오는 팡글로스 박사의 허무맹랑한 낙천주의와 비슷하다고 말한다. 앞서 말한 바 있지만, 팡글로스 박사는 "사물은 지금 있는 그대로가 아닌 다른 무엇일 수 없다. …… 모든 것은 최선의 목적을 위해 만들어졌다. 우리의 코는 안경을 쓰기 위해 만들어졌다. 그래서 안경을 쓴다. 다리는 구두를 신기 위해 만들어졌다. 그래서 구두를 신는 것이다" S. J. Gould and R. C. Lewontin, "The Spandrels of San Marco and the Panglossian Paradigm: A Critique of the Adaptationist Programme"(1979)라고 말한다.

'자연선택-적응'의 쌍으로 생물들을 설명하는 적응론자들의 논리가 바로 팡글로스 박사의 이야기와 유사하다는 것이다. 그래서 굴드는 적응주의 프로그램을 '팡글로스 패러다임'(1장 참고)이라 부른다. 굴드는 스팬드럴을 통해 자연선택에 의한 적응만으로 진화를 설명할 수 없다는 점, 그리고 그 논리가 얼마나 우스운 논리인지를 팡글로스 박사를 통해 보여 준다. 「산마르코 성당의 스팬드럴과 팡글로스 패러다임」 논문을 통해 굴드는 적응주의 프로그램을 비판하고, 현대 생물학계에서 도그마화된 자연선택에 대해 도전장을 던지고 있는 것이다.

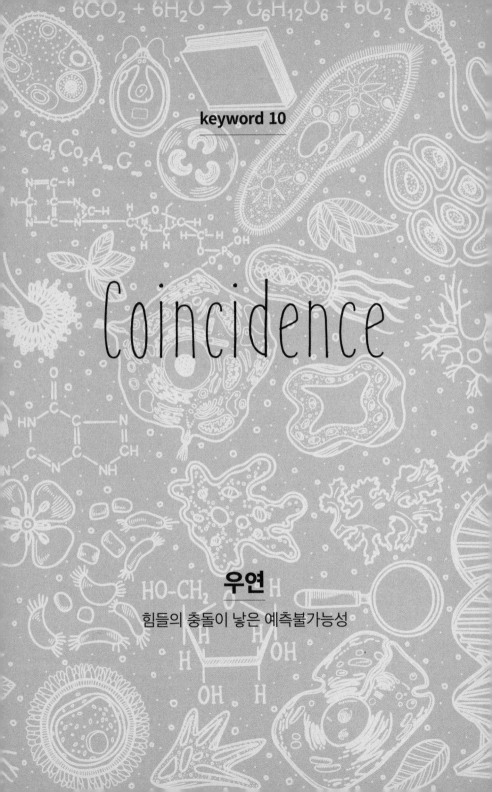

Coincidence

우연

힘들의 충돌이 낳은 예측불가능성

골턴의 다면체, 자연선택과 신체적 제약의 상호작용

진화적 변화를 일으키는 두 힘으로 자연선택과 제약을 제시한 굴드, 굴드는 이것들이 어떻게 상호작용하고 충돌하는지를 보여 준다. 그러면서 진화의 새로운 그림을 그려낸다. 그 전까지 진화는 "더 나은 적응을 향해 속박 없이 나아가는 궤적"굴드, 「골턴의 다면체를 통해서 본 개의 삶」, 『여덟 마리 새끼 돼지』, 547쪽이었다. 진화의 과정 속에서 생물은 우연적으로 일어난 돌연변이를 통해 진화의 원재료를 제공해 주는 공급처였다. 스티븐 제이 굴드는 이렇게 자연선택에 의해서 수동적인 모습을 지니게 된 생명을 당구공에 비유한 바 있다.

> 성형이 무제한 가능하다는 낙천적인 시각에 따르면, 생물체는 매끄러운 탁자에 놓인 당구공과 같다. 자연선택이라는 큐는 환경적 압력이나 인간의 의도를 좇아 어느 방향으로든 자유롭게 공을 민다. 공이 움직이는 (진화적 변화가 일어나는) 속도와 방향은 외부에서 가해진 선택의 힘에 의해 통제된다. 한마디로 생물체는 되밀어내지 못한다. 진화는 일방통행로다. 바깥의 것이 안의 것을 민다.굴드, 앞의 글, 546쪽

당구공은 생명체, 당구공을 미는 큐는 외부의 환경, 자연선택압을 의미한다. 당구공은 큐가 미는 방향과 힘의 세기대로 어디든

움직인다. 마찬가지로 생명도 외부의 힘, 자연선택이 원하는 대로 변형될 수 있다는 것이다.

하지만 신체적 제약은 오로지 자연선택만이 진화적 변화를 추동하도록 놔두지 않는다. 역사적으로 대물림받은 신체 구조들이 자연선택이 가하는 무제한적인 변형에 제한을 가하기 때문이다. 신체적 제약은 단순히 수동적인 재료도, 변화에 작용하지 못하는 부수적인 원인도 아니다. 그것은 진화에 직접적으로 작용하는 원인이자 원동력이다. 이제 이 두 힘은 상호작용하고 충돌한다. 이 과정 속에서 진화가 이루어진다.

굴드는 두 힘이 충돌하고 상호작용하는 진화의 과정을 골턴의 다면체를 통해 명시적으로 보여 준다. 골턴은 다윈의 사촌으로 우생학의 기틀을 닦은 사람으로 악명 높다. 하지만 다윈주의에 대한 풍성한 대안들을 가져다주었다는 점에서 굴드는 그를 높이 평가한다. 그가 새로운 진화 모습을 나타내기 위해 제시한 그림은 아래와 같다.

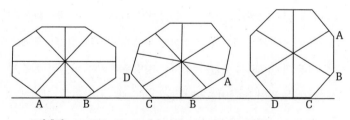

그림 출처 : Gould, *The Structure of Evolutionary Theory*, p.345.

생물체는 마치 당구공처럼 자연선택이라는 큐가 이끄는 대로 어느 방향으로든 움직일 테고 어떤 식으로든 위치 변화를 일으킬 것이다. 그러나 프랜시스 골턴의 오래된 비유를 빌려, 생물체는 당구공이 아니라 다면체라고 생각해 보자. 그렇다면 (원래 바닥에 대고 있던) 한 면이 바로 옆면으로 뒤집히는 방식으로만 움직일 수 있다.**굴드,「골턴의 다면체를 통해서 본 개의 삶」,『여덟 마리 새끼 돼지』, 523쪽**

생명은 큐가 미는 대로 움직이는 수동적인 당구공이 아니라, 한 면을 안정되게 바닥에 대고 있는 다면체와 같다고 골턴은 말한다. 다면체는 외부의 힘이 가해지면, 이에 저항한다. 다면체의 구조에서 비롯되는 힘, 바닥과 이에 접하는 다면체의 면 사이에서 발생하는 마찰력이 작용하게 된다. 마찬가지로 생명에게 자연선택의 힘이 가해지면, 동시에 내부적 제약의 힘들이 작용한다. 다면체가 자신의 구조에 의해 제약되어, 제한된 위치와 한정된 가짓수로만 움직일 수 있듯이, 생명 역시 자신의 발생학적 경로, 신체적 한계 내에서 변화할 수 있다. 다면체는 당구공처럼 외부의 힘(자연선택)이 원하는 대로 모든 위치(자유자재로 변형)에서 멈추지 않는다.

외력과 마찰력 사이의 충돌 속에서 다면체는 어느 방향으로 굴러가다가 우연히 어떤 안정적인 면에 이르러 멈춘다. 외부에서 미는 힘도 아니고 다각형의 속성 그대로도 아닌, 두 힘 사이의 정묘한 긴장과 균형 속에서 다면체는 어떤 위치에 멈춰 서게 되는 것이다. 생명 역시도 자연선택의 압력과 역사적 제약의 힘 속에서 변하게 된다. "진화는 외부(자연선택)와 내부(제약)가 상호작용하는 과정"굴드, 「골턴의 다면체를 통해서 본 개의 삶」, 『여덟 마리 새끼 돼지』, 547쪽이다. "진화는 역사적 제약과 자연선택적 재형성력 사이의 미묘한 균형"굴드, 앞의 책, 525쪽을 통해 이루어지며, "진화적 변화의 실제 방향은 외부의 추진력과 내부의 제약이 역동적으로 상호작용한 기록인 셈이다."굴드, 같은 책, 547쪽 이것이 굴드가 제시하는 진화의 모습이다. 골턴의 다면체 비유를 통해 굴드는 진화의 근본적이고 중요한 속성을 제시한다.

두 힘 간의 미묘한 상호작용과 충돌에 의해 이루어지는 진화. 굴드는 이러한 진화의 모습을 익티오사우르스에 대한 에세이에서 실감나게 기술하고 있다. 익티오사우르스는 공룡만화에 자주 등장하는 공룡이다. 그들을 쉽게 통칭해서 어룡이라고 부르기도 한다. 그 공룡은 육상에서 살다가 바다로 들어간 파충류다. 육상에 살다가 바다에 들어갔지만, 그들은 진화의 과정을 통해 수중 생활에 적합한 신체, 지느러미를 형성해 나갔다. 어룡의 지느러미는 어떻게 자연선택과 생물 내부의 제약이 미묘한 균형을 이뤄 가며 생물을 변화시키는지 잘 보여 준다. 물 속으로 돌아갔지만, 파충류의 역사적 유물을 지니고 있는 어룡, 그들은 어류였던 시절로 돌아갈 수 없다. 그들은 자신들이 변화할 수 있는 한도 내에서, 파충류의 내적 구조가 인도하는 길을 따라 변화해야 한다. 물 속에 적응해야 하는 자연선택의 압력과 파충류로서 지닌 내적 구조 때문에 제한된 변이가능성, 두 힘의 팽팽한 줄다리기 속에서 어룡은 진화해 나간다.

외부의 압력은 물 속으로 들어간 파충류에게 지느러미를 강요할 것이다. 하지만 그 지느러미는 물고기의 지느러미와 같은 구조는 아니다. 물고기의 등지느러미에는 보통 빗살 모양의 단단한 뼈대가 있다. 자연선택이 등지느러미를 위한 뼈대를 요구하겠지만, 파충류의 구조적 제약은 이와 충돌한다. 만약 등지느러미의 뼈대가 생긴다면, 이는 토끼의 옆구리에서 날개가 돋는 것과 같은 일이다. 파충류의 구조적 힘과 자연선택압이 상호작용해서 파충류에서 나올 수 있는 지느러미가 나온다. 그것은 뼈대가 없는 등지느러미였다. 파충류의 등에는 등지느러미를 만들어 낼 부속이 없었고, 단순히 등주름을 확장해 지느러미를 만든 것이었다. 이렇게 등지느러미를 필요로 하는 외부의 힘과 등에서 뭔가를 만들어 낼 부속이 없는 파충류의 신체적 제약이 상호작용을 하여 뼈대가 없는 등지느러미를 진화시킨 것이다.

힘들의 충돌, 예측불가능한 우연을 낳다

외부의 힘과 내부의 힘(자연선택과 제약), 두 힘들 사이에서 벌어지는 충돌은 전혀 예측할 수 없는 변화를 빚어낸다. 앞서 등장한 판다의 여섯번째 손가락 예를 들자면, 판다는 생존을 위한 분투 속에서 자신들이 조상들로부터 물려받은 신체를 이용해서 판다의 엄지를 만들어 냈다. 자연선택압은 판다의 손을 마음대로 바꾸

려고 하지만, 판다가 대물림받은 신체 설계는 그 변화를 역사적 제약 안으로 한정하려 한다. 자연선택과 판다 신체의 내재적 힘, 두 힘 사이의 '정묘한 긴장과 균형'은 '손목뼈에 달린 새로운 엄지'와 같은 기상천외한 신체기관을 만들어 냈다. 손목뼈가 약간 길어지고, 거기에 손목뼈를 움직일 수 있는 근육과 신경이 붙었다. 판다가 손목뼈를 이용해서 대나무를 움켜쥘 수 있는 유연한 엄지를 진화시킬 것이라고 누가 상상했겠는가. 손목뼈가 제6번째 손가락이 될지 누가 알았겠는가. 그런 식의 설계와 땜질을 상상이나 했겠는가. 판다의 엄지는 자연선택, 판다의 신체 구조라는 두 적극적인 행위자가 부딪히는 힘 대 힘의 충돌 속에서 일어난 예측할 수 없는 사건이었다.

이것은 인과적 사고에 익숙한 우리에게 매우 낯선 사건이다. 인과적인 관점에 의하면 어느 하나의 작용자가 그것에 수동적으로 따르는 종속변수들을 결정하고, 그 결과는 언제나 작용자의 의도나 법칙대로 발생한다. 원인과 결과의 필연적인 인과사슬이 존재하는 것이다. 우리는 그러한 인과율에 의해 결과를 예측할 수 있다. 하지만 판다의 엄지에는 인과율이 적용되지 않는다. 왜냐하면 판다의 엄지가 형성된 과정은 자연선택이라는 하나의 행위자가 수동적인 생명을 좌지우지한 과정이 아니기 때문이다. 그것은 두 힘 사이의 충돌이었다. 이 충돌로부터 판다의 엄지라는 예측불가능한 변화가 생긴 것이다.

두 힘의 상호충돌에 의해 완전히 새로운 것, 인과관계에서 벗어나는 제3의 것이 만들어졌다. 한 힘만을 따르지도 않고, 그렇다고 다른 힘을 따르는 것도 아니다. 판다의 엄지를 만든 것이 바로 자연선택이라고 설명할 수 없을뿐더러, 판다가 가진 제한된 신체의 내재적 힘이 판다의 엄지를 그런 방식으로 만들었다고 이야기할 수도 없다. 여기에는 두 능동적인 행위자의 의도대로 되지 않는, 그 원인들의 인과율대로 결과하지 않는 빗겨남이 존재한다. 그 빗겨남이 판다의 엄지이며, 그것은 자연선택이라는 외적 힘으로도, 신체의 내적 힘으로도 설명할 수 없는 제3의 결과물이다. 이렇게 힘과 힘의 충돌에 의해서 야기되는 예측불가능한 결과, 그래서 어느 하나의 원인으로 설명할 수 없는 일이 벌어진 것을 굴드는 우연(contingency)이라 표현한다. 굴드는 우연성을 통해 내적인 힘을 지닌 능동적인 생명, 그리고 이 능동적인 주체들이 환경과의 상호작용을 통해 펼쳐 나가는 진화의 궤적을 제시하고 있다.

굴드가 제시한 우연성은 앞서 자크 모노가 언급한 '우연과 필연'의 우연과 매우 다르다. 그 차이는 생명을 바라보는 전제와 시각으로부터 나온다. 자크 모노의 우연은 'chance' 혹은 'randomness'이다. 이는 어떤 사건이 일어날 확률이 모든 방향에서 동등하다는 의미를 지닌다. 즉 생명의 변이는 방향성이 없고, 등방적이라는 것이다. 그래야 생명이 자연선택에게 창작의 재료를 제공할 수 있기 때문이다. 바로 '우연과 필연'에서의 우연은 진화적 변화에서 생명에게 그 어떤 힘도 부여하지 않으려는 시각을 담고 있다. 즉 생명은 무능력한 존재이며 수동적인 재료라는 것을 자크 모노의 '우연'이 말하고 있는 것이다.

반면 굴드가 말하는 우연(contingency)은 통합된 생명체 그 자체가 지닌 능동성을 전제한다. 능동적인 힘을 지닌 진화 주체로서의 생명이 역사적 장을 살아나가면서 만들어내는 사건들의 예측불가능성이 바로 우연성인 것이다. 여기서의 능동성은 진화사적인 역학관계에서 생명이 능동적인 주체가 된다는 의미다. 즉 능동성은 통합체인 생명이 진화사 속에서 자연선택이라는 외적 힘에 충돌하는 내적 힘을 발휘한다는 뜻으로 쓰인다. 물론 이를 생명이 진화사에서 의식적인 의지작용과 노력을 펼친다는 의미로 받아들여서는 안된다.

이렇게 굴드는 진화가 우연적이라고 말한다. 그것은 생명의 역사가 장구한 시공간 속에서 무수한 생명들의 다원적인 힘들이 상호충돌하는 역동적인 장이기 때문이다. 이 속에서 벌어진 생명을 둘러싼 모든 사건은 힘들의 부딪힘일 수밖에 없다. 때문에 이 충돌은 언제나 우연을 낳는다. 그리하여 '외부(선택)와 내부(제약)가 상호작용하는 과정'으로서의 진화는 우연(contingency)이 가득한 생명의 경로를 열어젖힌다. 진화의 과정은 힘들 간의 충돌 사이에서 제3의 길을 열어가는 과정이자, 예측불가능한 우연의 과정이다. 그렇다면 굴드는 생명의 역사를 어떻게 기술하고 설명할 수 있을까? 머릿속에 필연과 법칙에 의거한 설명만이 익숙한 우리에게 굴드는 어떤 이야기를 해줄까? 다음 장에서는 우연으로 가득 찬 역사를 굴드가 어떻게 설명해 내는지 살펴보자. 그 역사의 장으로 가보자.

골턴의 다면체와 단속평형설

현대 종합설이 등장하기 전, 다윈을 포함한 여러 진화론자들은 진화에 대한 인과적 메커니즘을 찾는 과정에서 오로지 자연선택에만 의존하지 않았다. 그들은 다원적인 방식으로 진화에 접근했다. 하지만 그 다원적인 접근 방식은 현대 진화론이 공인되고 집대성되는 과정에서 사장되고, 소멸되어 버렸다. 앞서 굴드는 이러한 집대성을 경화된 종합이라고 말한바 있다.

굴드는 이러한 경직된 체계에 활력을 불어넣고자 노력한다. 그는 다원주의가 확립되기 이전, 다양한 이론들이 경합하고 있는 풍성한 진화이론'들'의 장에 집중하며, 이러한 과거로부터 현대 진화론을 풍성하게 만들 보석을 캐내려고 시도한다. 그 중에 굴드가 중요하게 본 주제 중 하나가 형태주의자들의 논의다. 그들은 과거에 적용을 주요한 진화의 원인으로 보고 있는 기능주의자들과 경합하고 있었다.

보통 기능주의자들은 생물의 형질(특성)이 그것의 기능이 가져다주는 이점 때문에 존재한다는 점을 강조한다. 이는 적용주의적인 관점에 해당할 것이다. 반면 형태주의자들은 비슷한 생물들 사이에 공통적으로 나타나는 유형의 구조적 통일성을 강조했고, 이를 통해 모든 유기체 형태의 근본법칙을 알게 될 것이라고 보았다. 형태주의의 전통에 의하면, 생명체의 내적 구조는 생물체가 취할 수 있는 변화의 경로를 제약하고 강제한다.

굴드가 보기에 골턴의 다면체는 형태주의 전통 중에서 현대 진화론의 일부가 될 필요가 있는 두 가지 중요한 주제를 잘 보여 준다는 점에서 매우 유용한 비유다. 리처드 요크·브렛 클라크, 『과학과 휴머니즘』, 107쪽 굴드는 골턴의 다면체가 '생명체가 지닌 내적 구조의 힘(변이 경로의 방향성, 즉 제약)'이라는 주제를 잘 나타내 주며, 또한 변이의 불연속성, 즉 불연속적인 진화라는 주제를 잘 보여 준다고 보았다.

본문에서는 골턴의 다면체를 주로 '내적 구조의 힘'이라는 측면에서 다뤘다면, 여기에서는 '불연속적인 진화'라는 측면에서 살펴보자.

골턴의 다면체가 덤블링하는 모습은 단속평형설의 종 변이와 유사하다. 다면체의 한 면을 생물의 어떤 안정된 상태라고 한다면(단속평형의 정체기), 외부의 힘(자연선택압)에 의해 다면체는 다른 한 면으로 도약한다. 여기서 내적으로 생산된 안정성을 뛰어넘는 힘이 주어지지 않는다면, 다면체는 가만히 있게 된다. 이는 우리가 단속평형설에서 본 변화의 양상이기도 하다. 자연선택에 의해 종 집단의 개체들에게 약간의 변이가 쌓인다고 해도 그것은 모두 평균 근처로 후퇴하게 되었다. 정체기다. 이후 여러 힘들의 상호작용을 통해 단속적으로 종 분화가 일어나게 된다.

이와 비슷하게 다면체에게 그것의 안정성을 위협할 만한 힘(외부적인 선택의 힘)이 주어지면, 다면체는 '휙' 뒤집어져서(facet-flipping) 다른 안정적인 상태로 도약할 것이다. 하지만 여기서 다면체는 꼭지점에서 멈출 수 없다. 다면체의 구조상 모든 위치에서 멈출 수 없는 법이다. 생물이 지닌 구조적이고 내적인 본성이 표현형의 가능한 변이 유형을 한정하기 때문이다. Gould, *The Structure of Evolutionary Theory*, p.344 참고

우리는 여기서 골턴의 다면체가 형태와 구조를 통해 생명의 변화를 설명하는 관점이며, 이러한 관점은 필연적으로 불연속적인 진화양

상을 함축한다는 점을 알 수 있다. 이에 따르면 진화란 통합된 구조와 형태를 지니는 생명체 전체의 변화다. 그래서 생명의 구조는 점진적으로 변화할 수 없으며 일거에 변할 수밖에 없다. 골턴의 다면체가 모든 위치에서 멈출 수 없는 것처럼 가능한 모든 구조가 생명에 적당한 것이 아니기 때문이다. 구조와 형태가 변하는 데 중간형이란 존재할 수 없다. 오직 생존이 가능한 구조와 불가능한 구조만이 있을 뿐이다. 그래서 생명의 변화란 또 다른 생존이 가능한 구조들로 도약하는 데서 가능한 것이다.

이와 반대로 점진주의자들이 생물의 변화를 점진적으로 그릴 수 있었던 것은 생물을 통합된 전체로 보지 않고 각각의 기관들을 기능 중심으로 분해해서 보기 때문이다. 그러기에 점진주의자들은 환경에 적합한 기능들이 점차적으로 완성되어 가는 과정으로 진화를 그릴 수 있었던 것이다.

굴드는 기능주의적 사고방식이 주도하고 있는 진화생물학계에 형태주의의 관점을 도입하고자 했다. 그는 형태주의자들과 기능주의자들의 논쟁이 풍성한 진화이론의 장을 만들 수 있다고 생각했다. 그리고 이 둘을 모두를 포용하는 통합이론이 절실하다고 역설했다. 이는 『진화론의 구조』에서 그가 줄기차게 강조했던 부분이다.

Historical
Science

역사적 과학

우연성의 과학

생명의 역사를 우연으로 설명한다고?

우리의 손가락과 발가락은 왜 하필 다섯 개씩일까? 원래부터 다섯 개이기 때문에 그런가? 화석 기록에 의하면 인간의 오랜 조상인 사지동물의 발가락은 여덟 개였다고 한다. 이러한 발견은 다섯이 사지동물 발가락 개수의 표준이 아니라는 것을 보여 주며굴드, 「여덟 마리 새끼 돼지」, 『여덟 마리 새끼 돼지』, 93쪽 오랜 세월 동안 여덟 개의 발가락이 다섯 개의 손발가락으로 안정화되었다는 것을 알려준다. 그렇다면 왜 여러 가지 가능성 중에서 손발가락이 다섯 개로 안정화된 것인가? 일곱 개, 여섯 개, 네 개, 세 개여도 되지 않은가? 아마 우리는 여러 가지 논리적인 이유를 대며, 이 선택지 중 몇 개를 지워 나갈 것이며, '그래서 다섯 개'가 아닐까 하는 합리적 결론에 도달할지도 모른다. 하지만 굴드라면 이 질문에 대해 당당히 우연이라고 말할 것이다. 그렇게 답하는 굴드에게 우리는 당혹감을 감추지 못할 것이다.

굴드가 이렇게 사지동물의 손가락이 다섯 개인 이유를 우연으로 설명하는 데에는 이유가 있다. 바로 여덟 개에서 다섯 개로 안정화된 과정이 어떤 법칙에 의거한 것이 아닌 역사적 과정이기 때문이다. 그 사건들은 언제나 힘과 힘들의 역동적인 충돌과 상호작용으로부터 일어난다. 때문에 그 사건이 일어나게 된 경위의 필연성을 법칙에 호소하여 밝힐 수 없다. 하지만 그 사건을 발생시킨 힘들과 힘들의 긴장과 균형, 길항관계, 즉 힘들의 배치들을 파악하고 포착할 수 있다. 그리고 그들이 만들어 낼 수 있는 결과들을 추리해 볼 수 있다. 힘과 힘의 충돌로서 일어날 수 있는 결과들의 경우의 수는 제한적이다. 중력법칙과 같은 자연법칙이나 생물 자체가 지닌 구조적 본성은 미래에 일어날 일을 제한된 몇몇 경로들로 흘러가도록 제약할 것이다. 우리는 가능한 결과들의 폭을 좁힐 수 있다. 하지만 실제로 어떤 경로들이 선택될지는 수많은 우연적 사건에 의해서 결정된다. 그러한 역사적 순간에 생물들은 여러 세계로 통하는 문 앞에 서 있다. 궁극적으로는 어떤 경로에 도달하게 될지, 어떤 세계로 진입하게 될지, 그 가능한 일들 중에 어떤 일이 일어날지는 누구도 알 수 없다. 언제나 그 결과는 인과관계의 예측으로부터 멀리 달아난다. 이렇게 힘들과 힘들 사이에서 제멋대로 솟구쳐 오른 사건을 굴드는 '역사적 우연'으로 설명한다. 굴드는 이렇게 말할 것이다. "그것은 우연이다!"라고. "그 사건은 우연으로 설명될 수 있다"고.

굴드는 법칙에 의거한 인과적 설명에 익숙한 우리에게 이런 말을 할 것이다. 우연으로 어떠한 생명사적 사건을 설명한다 해도 변명할 필요 없다. 우연은 무지의 표현이 아니다. 그것은 매우 엄밀하면서도 확실하다.

…… 우연성을 '실리적'이라 칭함으로써 변명과 부정의 의미를 내비친 데는 분연히 반대한다. 그것은 불필요한 겸손이다. 복잡하고 재현불가능하며 예측불가능한 역사적 사건을 다루는 과

학자들이 간직해 온 안타까운 자기혐오의 전통에 따른 것이다. 우리는 정량화, 실험, 재현으로 구성되는 '엄격한 과학' 모형이 본질적으로 우월하고 유일하게 표준적인 것이며, 다른 기법들은 그에 비하면 초라하다고 생각하도록 교육받았다. 하지만 역사를 다루는 과학은 우연한 사건들을 재구성하고 사전에 예측할 수 없었던 사건들을 회고적으로 설명함으로써 전진한다. 증거가 충분한 이상, 이런 설명도 실험과학의 영역에서 수행되는 설명만큼이나 엄밀하고 확실하다. 이러니저러니 해도 세상이 작동하는 방식이 이런 것을 어쩌겠는가. 변명할 필요가 없다. 우연은 풍요롭고 환상적이다. …… 개체와 종의 시시콜콜한 삶들은 대형 사건의 경과에 아무런 힘도 미치지 못하는 장식물이 아니라, 전체 미래를 속속들이 영원히 바꿔 놓을 수 있는 특수자들이다. …… '고작' 우연으로 설명한다고 변명하지 않아도 된다. 불변의 자연법칙에 따라 결정된 운명이 아니라고 설명해도 변명할 필요는 없다. 우리 세상과 삶을 만든 것은 우연한 사건들이었다.굴드, 「여덟 마리 새끼 돼지」, 『여덟 마리 새끼 돼지』, 108~109쪽

우리는 보통 과학에서 중요한 것은 법칙에 의거한 예측이라고 생각하는 경향이 있다. 하지만 굴드는 이러한 전제 자체를 의문시한다. 굴드가 보기에 역사를 다루는 과학에서 중요한 것은 여러 힘들 간의 관계, 긴장과 균형, 상호작용을 파악하는 것이다. 그래서 굴드는 과거에 일어난 일들의 역학관계를 파악하고, 이에 대해 회고적으로 설명하는 것 역시 엄밀한 과학이라고 말한다. 우연

은 필연에서 벗어난 예외적 상황에 대한 '무지'를 에둘러 말하는 무책임한 표현이 아니다. 다시 말하면, 우연은 필연의 대척점에 선 우연, 즉 무지의 표현이 아니다. 우연은 설명적이고 기술적인 측면에 있어서 그 자체로 자기 완결적이다. 우연은 법칙에 의거한 인과론에 대한 적극적인 '안티 테제'다.

굴드가 진화사를 기술하는 방식으로서 '우연'을 내세운 데는 인과론과는 전혀 다른 방식으로 진화의 역사를 설명하겠다는 기획이 담겨져 있다. 또 그 근저에는 우연을 만들어 낸 자연선택을 비롯한 여러 다원적인 힘들의 관계들을 살피겠다는 매우 합리적인 태도가 숨어 있는 것이다. 역사 속 생명에게 벌어지는 여러 힘들의 충돌, 그리고 정묘한 긴장과 균형을 최대한 생생하게 기술하려는 것이다.

이제 굴드가 우연을 통해 어떻게 생명의 진화를 설명해 내는지 살펴보자. 굴드의 우연에 의한 설명은 법칙과 필연성에 의거한 설명방식과는 다른 신세계, 다른 과학의 방법을 보여 준다. 그 방법을 통해 청각의 진화를 살펴보자.

청력 진화의 오디세이아

포유류는 복잡한 청각기관을 가진다. 거기에는 공기 중의 소리를 증폭시키는 정교한 기관도 있다. 바로 중이의 망치뼈, 모루뼈, 등자뼈다. 귓구멍을 통해 들어온 소리가 고막을 진동시키면, 그 진동은 중이뼈들을 통해 내이의 달팽이관으로 보내져 뇌가 소리를 인식하게 된다. 망치뼈는 모루뼈를 치고, 모루뼈는 등자뼈를 쳐서 증폭된 음파를 내이에게 전달한다. 이러한 정교한 기관은 어떻게 진화된 것일까? 이제부터 '청력 진화의 대서사'가 펼쳐진다.

포유류는 물고기에서 육상 파충류를 거쳐 진화해 왔다. 수중생활을 하다 육상에 올라온 파충류의 조상격 되는 동물은 공기 중의 소리를 잘 감지할 수가 없었다. 소리를 감지하지 못한다면, 먹이를 잡거나 천적을 회피하는 데 큰 어려움을 겪을 것이다. 생존이 걸린 문제였다. 하지만 신체적 제약을 극복하고 청각기관을 새로 만드는 것 역시 힘든 일이었다.

파충류는 그간의 수중생활을 반영하듯, 아가미를 지탱해 준 아가미궁이라는 뼈를 가진다. 아가미 윗뼈와 아랫뼈가 경첩으로 결합되어 활모양을 띤다. 아가미궁은 턱뼈와는 상동구조다. 초기 파충류의 머리 구조를 보면 두개골, 그리고 위턱뼈와 아래턱뼈로 나뉜 턱뼈, 그 뒤에는 첫번째 아가미궁이 있다. 첫번째 아가미궁의 위쪽 요소는 두개골과 접합하고 있고, 그 아래쪽 요소는 아래턱뼈와 결합하고 있다. 즉 이 아가미궁은 턱을 두개에 걸어 주는 역할을 하고 있는 것이다. 또 하나 재밌는 것은 턱뼈를 연결하는 턱관절이 두 개나 있다는 점이다. 이중 턱관절이 존재했다.굴드,『여덟 마리 새끼 돼지』, 141쪽 그림 참조

육상으로 올라온 파충류는 포유류로 분기하는 과정 속에서 이런저런 변화를 겪게 된다. 먼저 좌우로 갈라져 유동적으로 있

던 두개골이 합쳐졌다. 그렇게 되자 두개골은 더 이상 아가미궁의 위쪽 요소와의 접합을 통해 지지를 받을 필요가 없게 되었다. 두개골과 아가미궁을 이어 주는 뼈가 쓸모없게 된 것이다. 쓸모없게 된 이 뼛조각은 등자뼈가 된다. 그것은 나중에 귀의 구성요소가 될 터인데, 어쩌다 귀로 들어가게 되었을까? 자연선택이 그것을 귀 속으로 들어가도록 힘을 불어넣었을까? 반드시 귀로 들어갈 필연적인 이유는 존재했을까? 이를 어떻게 설명해야 할까? 만약 필연적 법칙인 자연선택으로 이를 설명한다면, 커다란 무리수를 두어야 할지도 모른다. 아무리 청각기관이 유용한 기관이라고 할지라도, 그 유용성을 위해 등자뼈와 모루뼈가 먼 거리를 이동했다는 설명은 설득력을 얻기가 쉽지 않을 것이다.

굴드는 육상에 올라온 포유류의 선조가 처한 환경적 압력, 그리고 대물림된 신체 속에서 꿈틀대는 여러 힘들의 선분들을 통해 청각의 진화를 그려낸다. 이를 굴드가 어떻게 포착하는지 보자. 우선 등자뼈가 귓속으로 들어가기 전 상황들을 살펴봐야 한다. 등자뼈는 단순히 내이가 되는 귀 연골기관에 아주 가까이 붙어 있었다. 그런데 두개골이 합쳐지면서 더 이상 턱을 두개골에 걸어 주는 지지의 역할을 수행할 필요가 없게 된다. 한편 등자뼈는 어떤 목적도 없이 지지기능만 하고 있었던 것이 아니라 청각의 기능을 수행하는 중복성을 지니고 있었다. 이처럼 등자뼈가 될 뼛조각과 그 주변에는 이미 어떤 사건을 일으킬 다양한 힘의 선분들이 존재했던 것이다.

하지만 이들 하나하나로 등자뼈가 귓속으로 들어갈 것이라고 상상할 수 없다. 단순히 귀 연골과 가까이 붙어 있다고 해서, 뼈가 청각의 기능들을 갖는 중복성을 가진다 해서, 두개골을 지지하지 않는다고 해서, 어떻게 등자뼈가 귀로 들어간다는 것을 설명할 수 있단 말인가. 물론 추후의 결과를 보며 그 일들이 모두 있음직한 일이었다고 이야기는 할 수 있을 것이다. 하지만 만약 청각이 진화했던 그 직전으로 타임머신을 타고 간다면, 어느 누구도 등자뼈가 중이뼈가 될 것이라고 예측할 수 없을 것이다. 그런 상황 속에서 정말 우연적인 사건이 벌어졌던 것이다. 이 세 가지의 사건(등자뼈의 기능의 중복성, 내이 연골과 가깝게 있었다는 점, 더 이상 지지의 기능을 안 해도 된다는 점)들이 겹쳐지면서, 등자뼈가 귀로 들어가게 된 것이다.

또 이뿐만이 아니다. 이중관절을 지닌 턱뼈에서 망치뼈와 모루뼈가 유래한다. 턱관절이 중복되어 있었기 때문에 하나는 퇴화될 수 있었고, 그 관절의 요소들이 귀로 이동할 수 있었다. 이들이 어떻게 등자뼈 근처로 붙었을까? 이들은 어떻게 이동했을까? 이들을 둘러싸고 수많은 힘들이 존재했을 것이다. 이들 역시도 전혀 예측할 수 없는 상태에서 귀로 들어가게 되었다. 그리고 이런 일련의 과정들을 통해 우리 포유류는 현재의 귀를 갖게 된 것이다. 청각의 진화를 가져올 가능성들을 내재한 여러 힘들의 배치 속에서 중이의 세 뼈가 진화하게 된 것은 바로 우연 때문이다.

우연성의 과학, 역사적 과학

우리는 과거의 사건을 우연으로 기술하는 굴드의 설명방식을 통해 생명 진화를 보다 풍부하고 총체적으로 바라볼 수 있다. 굴드의 시각은 우리가 의심스러워하는 우연, 그 논리적 불연속성에 진화사의 역동적인 장이 담겨져 있다는 것을 말해 준다. 이제 우리는 굴드를 따라 과거에 일어난 일을 재구성하기 위해 그 당시로 거슬러 올라간다. 풍부한 자료와 여러 증거들을 통해 그 당시의 상황을 매우 구체적이며 생생하게 추론해 본다. 즉 과거의 그 일이 벌어지기 직전의 긴장 넘치는 현장으로 들어가 보는 것이다. 우리는 당시에 존재했던 여러 힘들과 여러 원인들이 얽혀 있는 복잡한 역학구조를 재구성한다. 그런 재구성의 순간이 과거, 즉 역사에 대한 앎이 생성되는 순간이다. 여러 힘들의 선분이 상호작용하고 부합하게 되어 과거의 사건을 매우 명료하고 엄밀하게 설명하게 된 것이다.

· 이렇게 생성된 역사적 앎을 굴드는 내러티브(서사)라고 말한다. 내러티브(서사)란 반드시 일어날 필요가 없었지만, 그 사건을 만들어 낸 선행사건들의 기다란 연쇄다.

역사적 설명은 내러티브(記述)의 형식을 취한다. 다시 말해서 설명되어야 할 현상 E가 발생한 것은 그 전에 D가 나타났고, 그

보다 더 이전에 C, B, A가 일어났기 때문이다. 만약 E에 선행하는 단계 중의 어느 하나가 일어나지 않았거나, 다른 방식으로 일어났다면 E는 존재하지 않게 될 것이다.(또는, 실질적으로 다른 형태인 E′로 존재하기 때문에 다른 설명을 필요로 하게 될 것이다.) 따라서 E는 의미를 갖게 되며, A에서 D에 이르는 결과로 엄밀하게 설명할 수 있는 것이다. 그러나 어떤 자연 법칙도 E라는 현상이 일어나라고 명하지 않았다. 변화된 선행 현상들로 인해 발생한 모든 변이 E′는 그 형태와 결과는 크게 다르지 않지만, 마찬가지로 설명 가능할 것이다. 나는 지금 임의성에 대해 이야기하는 것이 아니라(A에서 D에 이르는 결과로 E는 발생할 수 없기 때문이다), 모든 역사의 중심원리인 우연성(contingency)에 대해 이야기하고 있는 것이다. 역사적 설명은 자연법칙에 의거한 직접적인 추론에 기반을 두는 것이 아니라 선행하는 상태들의 예측 불가능한 순차(順次)에 그 토대를 둔다. 이 순차의 어느 단계에서든 중요한 변화가 일어나면 최종 결과가 변화할 것이다. 따라서 최종 결과는 그 이전에 나타난 모든 사태에 의존하며, 그런 의미에서 우연적이다.──이것은 지울 수 없고, 결정적인 역사라는 서명(signature)이다.굴드, 『생명 그 경이로움에 대하여』, 428쪽

청각의 진화로 이를 말해 보면, 설명되어야 할 현상, E(청각의 진화)는 바로 그전에 일어났던 두개골이 더 이상 지지의 기능을 안 해도 된다는 점, 등자뼈가 귀 연골과 가깝게 있었다는 점, 등자

뼈의 기능의 중복성 등과 같은 일련의 A, B, C 사건에 의해 의미를 갖게 된다. 이 중 어떤 사건이 없었다면, 청각의 진화(E)는 일어나지 않았을 것이다. 하지만 A, B, C의 순차적인 연쇄로 E는 의미를 갖게 되는 것이다.

이렇게 내러티브를 구성하는 일이란 "사건들의 복잡한 집합들이 뒤얽혀서 그러한 결과를 확실하게 만들어 낸"굴드, 『생명 그 경이로움에 대하여』, 422쪽 것을 추론하는 일이다. 그것은 사전에 예측할 수 없었던 사건들을 회고적으로 재구성하기도 하면서, 어떤 복잡한 사건들이 뒤얽혀서 어떤 결과를 필연적으로 만들 수밖에 없었는지를 설명한다. "반드시 일어나야 할 이유는 없지만 끝없는 숙고와 고민을 통해 그것이 일어난 이유를 알아"굴드, 앞의 책, 430쪽낸다. 그리하여 단 한번 일어났을 뿐인 과거의 사실, 만약 그러한 과정 중에 어느 하나의 과정이라도 빠졌다면 절대 그렇게 될 수 없는 유일무이한 '바로 그 역사'를 재구성해나고 서사화하는 것이다. 바로 우연을 통해서 필연적으로 그러한 일이 일어났음을 설명하는 것이다. 이것이 바로 굴드가 행하는 우연에 의한 설명, 우연성의 과학이다.

이 우연성의 과학을 굴드는 역사적 과학(historical science)라 말한다. 역사적 과학은 역사를 과학화한, 역사과학(science of history)과 다르다. 그것은 과학에 방점을 둔 진화론이며, 어떤 법칙성과 인과율에 의해서 생명의 미래를 예측하고 과거를 설명하려고 시도한다. 굴드는 진화론이 지나치게 '법칙화'(과학화)되는 것에 문제의식을 가졌다. 왜냐하면 능동적인 생물들이 펼치는 '우연' 넘치는 생명의 역사는 과학의 법칙하에 가둬둘 수 없기 때문이다. 역사 속의 사건들은 언제나 힘과 힘의 충돌에서 비롯되었으며, 인과성을 벗어난 우연적인 일들이었다. 그래서 굴드는 생명의 역사를 관통하는 단 하나의 법칙보다는 여러 힘들과 사건들이 정묘한 긴장상태를 이루고 있는 역사, 예측불가능한 역사의 우연성에 주목하고자 했다. 그리하여 굴드는 '역사성'을 강조한 역사적 과학(historical science)을 역설하는 것이다.

epilogue

우연한 세계:

모든 생명은 그 자체로 옳다

우연한 세계, 모든 필연은 우연이다

이 우주(kosmos)의 탄생이 실은 필연과 지성의 결합으로 해
서 혼성된 결과의 것이기 때문입니다. 그러나 지성은 필연
(anankē)으로 하여금 생성되는 것들의 대부분을 최선의 것을
향해 이끌고 가도록 설득함으로써 필연(anankē)을 다스리게
되었으니 이런 식으로 그리고 이에 따라서 필연(anankē)이 슬
기로운 설득에 승복함으로써 태초에 이 우주가 이렇게 구성되
었습니다. 따라서 만약 어떤 사람이 우주가 어떻게 생성되었는
지를 이에 따라 진실되게 말하려면, 또한 방황하는 원인의 종류
(본성상 무질서한 운동을 일으키는 자들—역주 참조)를 다루어야
만 합니다. **플라톤, 『티마이오스』, 박종현·김영균 옮김, 서광사, 2000, 131~132쪽**

『티마이오스』에서 플라톤은 우주를 만드는 자, 데미우르고스
를 소개한다. 데미우르고스는 만드는 자, 장인이다. 그는 형상, 즉
설계도(기하학적인 형상)를 질료에게 주입하려고 했다. 하지만 질
료는 그들만의 고유한 본성을 지닌다. 나무는 나무대로, 진흙은
진흙대로, 돌은 돌대로, 쇠는 쇠대로 저마다의 성질과 특성을 지
닌다. 때문에 아무리 멋진 설계도가 있다고 해도, 그 설계도 그대
로가 완벽하게 질료에 구현될 수 없다. 제작자가 아무리 노력해
도, 재료의 재질을 완전히 극복할 수 없고, 그 흐름과 결에 어느 정

도 따라야 한다. 질료가 지닌 본성 때문에 형상이 잘 드러나지 못하는 것이다. 이 때문에 제작자, 데미우르고스는 질료를 설득한다. "완벽한 설계도인 형상이 질료 당신을 마음껏 주무르도록 당신 고유의 본성과 개성을 억눌러 달라!" 데미우르고스는 그렇게 하겠노라고 승낙한 질료를 가지고 완벽한 형상대로의 결과물을 만들고자 했다. 하지만 데미우르고스가 의도했던 형상의 모습과는 전혀 다른 결과물이 나타났다. 질료 그 자체의 본성들을 결코 통제할 수 없었던 것이다. 그리하여 형상에서 벗어난 무질서하고 우연적인 것들이 튀어나왔다. 형상과 질료가 만날 때 우연이 필히 발생했던 것이다.

이러한 상황을 고대 그리스 사람들은 아낭케(anankē)라고 불렀다. 형상이 질료와 만날 때는 언제나 '우연'적인 일들이 발생하며, 이는 형상이 가질 수밖에 없는 '필연'이기에, 언제나 아낭케는 우연과 필연이라는 의미를 동시에 가질 수밖에 없었던 것이다. 데미우르고스 이야기에서 우리는 이 세계에 우연이 필연적으로 발생한다는 것을 본다. 물론 필연의 자연법칙은 존재한다. 하지만 언제나 필연과 우연은 동전의 양면처럼 함께한다. 한 면만 있는 동전이 없듯이, 우연 없는 필연, 필연 없는 우연이 존재할 수 없다.

하지만 우리는 데미우르고스처럼 필연 속에서 우연을 없애려 하고 있다. 이는 앞서 봐왔던 현대 생물학의 시도를 보는 것 같다. 그것은 생명을 법칙 속에 가두고, 법칙에 종속된 존재로서 수동적인 생명을 그려내고 있었다. 그런 시각 속에서 우리는 진화를 위한 재료로서의 생명만을 본다.

이는 데미우르고스를 통해 자신의 바람을 표현한 플라톤의 시각과 비슷해 보인다. 형상으로부터 벗어난 우연을 혐오한 플라톤, 그는 이 벗어남들을 제거하고 다스리려 했다. 그런 성가신 벗어남들이 세상에 없기를 바랐다. 그런 플라톤의 마음이 잘 표현된 것이 바로 이데아의 세계일 것이다. 그 속에 존재하는 형상이라는 설계도는 완벽하고 이상적이다. 반면 이데아의 그림자에 불과한 현실세계는 가짜이며 불완전하고 결점투성이인 우연들로 가득 차 있다. 특히 생명은 완벽한 틀에서 벗어나는 무질서한 말썽꾸러기들이다. 플라톤은 이런 현실을 싫어했고, 우연들을 잡아 정돈하고 싶어했다.

하지만 세계의 실상은 그의 바람대로 되어 있지 않았다. 생명은 법칙에 종속되지 않으며, 그들 모두는 여러 법칙들과 마찬가지로 이 세계의 주인공들이었다. 그들은 모두 능동적인 힘들을 발휘하는 행위자였다. 굴드는 여러 법칙들과 생명들이 능동적인 작용자로서 충돌하며, 다양한 사건들의 선분들과 힘들이 마주하고 있는 세계를 우리에게 제시한다. 그 세계는 바로 우연한 세계다.

———

It's a wonderful life

———

"기묘하지 않소? 모든 사람들의 인생은 이렇게 많은 인생과 마주치고, 만약 그 사람이 없다면 그는 그 자리에 커다란 구멍을 남겨 놓으니 말이오. 조지 당신은 정말 훌륭한 인생을 살았소."

굴드, 『생명 그 경이로움에 대하여』, 436쪽

프랭크 카프라 감독의 영화, 〈멋진 인생〉(It's a wonderful life, 1946)의 한 장면이다. 이 영화는 굴드가 그리는 우연의 세계를 잘 보여 준다. 굴드는 우연성 넘치는 생명사를 아름답게 그려낸 그의 저서 『생명, 그 경이로움에 대하여』(wonderful life)의 이름을 이 영화에서 따왔다. 이 영화가 우연에 대한 어떤 이야기를 해주기 에, 굴드는 이 영화로부터 자신의 책 제목을 가져왔을까?

하늘에서 내려온 천사가 주인공에게 멋진 말을 던지는 이 결 말의 대목, 여기에 이르기까지의 줄거리는 대략 이러하다. 주인공 인 조지 베일리는 작은 도시인 고향 베드포드 폴스를 떠나 넓은 세상을 경험하고 싶어했다. 하지만 헌신적인 성품을 지닌 그는 가 족들과 주변 사람들을 돕느라 마을을 떠나지 못한다. 그리고 어느 해 아버지가 갑자기 돌아가시자, 그는 가업을 잇는다. 그것은 저 소득층을 위한 주택금융회사 사업이었다. 그는 당시 마을의 악덕 부동산업자로부터 가난한 마을 사람들을 보호하면서 일한다. 하 지만 그러던 중 그와 같이 사업하던 삼촌의 실수로 커다란 액수의 회사자금이 사라져 버리고, 이 때문에 회사는 망하고, 조지와 삼 촌은 감옥에 갈 위기에 처한다. 이에 절망한 주인공 조지는 투신 자살을 결심한다.

이때 그의 수호천사 클라렌스 오드보이가 나타난다. 주인공 조지는 너무나 힘든 나머지 자신이 태어나지 않았더라면 얼마나 좋았을지를 천사에게 이야기한다. 그러자 천사는 조지의 소원을 들어준다. 머리를 스치고 지나가는 영감으로 클라렌스는 그가 부재하는 세상을 보여 준다. 그가 완전히 부재하는 테이프를 재생해서, 그의 마을 베드포드 폴스에서 전개되는 또 다른 삶의 모습을 보여 준다. 영화사에 길이 남을 10분 길이의 이 명장면은 우연성의 기본 원리를 훌륭하게 설명한다.굴드, 『생명 그 경이로움에 대하여』, 435쪽

　일견 하찮아 보이던 그의 인생이 사라지자, 마을의 모습은 완전히 달라졌다. 목가적인 미국의 작은 마을은 이제 술집, 당구장, 도박장들이 즐비한 곳으로 변했다. 그리고 살려줄 형이 없었기에 조지의 동생은 물에 빠져 죽었고, 그가 도와줬던 약사는 범죄자로 몰렸고, 그가 사업을 하면서 도왔던 많은 사람들은 매우 열악한 환경에서 어려운 생활을 해나갔고, 자신의 부인은 노처녀로 살아갔고, 자신의 자식들은 태어나지 않았다. 또 함께 사업을 하던 삼촌은 사업에 실패하고 정신병원에서 살아간다. 그 모습을 본 주인공 조지는 수호천사에게 다시 인생을 되돌려 달라고 애원한다. 그리고 다시 삶으로 돌아간 조지는 자신의 인생에 대해 감사함을 느끼며 열심히 살아간다. 모든 문제가 끝이 나자 수호천사는 우연성의 의미를 아주 잘 표현하는 앞의 명대사를 던졌던 것이다.

　굴드는 이 영화를 통해 우연한 세계가 어떤 세계이며, 이 속에서 사는 것이 왜 멋지고 경이로운지 알려준다.

　첫째로 앞의 대사, "모든 사람들의 인생은 이렇게 많은 인생과 마주친다"처럼, 모든 생명들의 삶은 다른 많은 삶들과의 무수한 만남 속에서 이루어진다. 우리를 포함한 생명은 무수한 인연장

들 속에서 무수한 관계들을 맺으며 살아간다. 여러 관계들과 힘들이 얽히고 침투하는 시공간이 우리가 발딛고 있는 세계이며, 그래서 이곳은 우연으로 넘치는 세계다. 우연한 세계 속에서는 비록 작은 변화라 하더라도 커다란 파급력을 미친다. 일견 하찮아 보이던 주인공 조지의 삶이 부재한다는 사실에 의해 이전과는 완전히 다른 마을의 모습이 결과하는 것처럼. 작은 사건들이 무수한 변화들을 결정짓는 것이다. 우연의 행로는 앞선 여러 사건들의 계열 속에서 매번 다른 시간으로 이행해 간다. 기묘한 우연의 세계다.

둘째로, 우연한 세계 속에서 우리는 다음과 같은 점을 깨닫는다. 어떤 사건이 일어난 후에 그 사건에서부터 차근차근 그것을 만들어낸 일련의 다른 사건들을 추적하며 거슬러 올라가다 보면, 우리가 현재 마주하는 사건들은 반드시 일어날 이유가 전혀 없었던 사건들이 연쇄돼서 만들어진 산물들이라는 것이다. 만약에 이를 다시 되감아 재생한다면, 두 번 다시 그 결과가 나오지 않을 비가역적인 결과물이다.

어떤 사건이 반드시 그렇게 일어날 이유가 없었고, 두 번 다시는 그렇게 일어나지 않을 것이라는 점! 우리가 세상에 태어난 것과 지금 이 시간 이 모습으로 살고 있는 것조차도. 바로 이러한 점이 우연한 세계에서 살아가는 것을 멋지게 만든다.

이 우연한 세계 속에서 생명들은 반드시 일어나야 할 이유가 없는 일들을 필연으로 만든다. 기적과도 같은 소중한 매 사건들을 통해서, 현재의 삶들을 만들어 나가고 있는 중이다. 그러면서 생명은 스스로의 삶에 어떤 의미들을 작성해 가고 있었다. 일련의 선행사건들에 도래하는 우연은 앞선 사건들의 계열과 함께 다른 역사로 도약해 갔다. 우연을 통해서 자신들의 역사를 만들어 가고 있었다. 생명은 우연이라는 공백 속에 자기 존재의 의미들을 써 나가고 있었던 것이다. 그러한 점에서 모든 생명 종들은 다시는 반복될 수 없다. 만약 멸종된다면, 그 종은 이 세상에 다시 재현될 수 없다. 생명은 바로 지금 여기에서 단 한 번만 존재하는 유일무이한 사건들로서 자신의 역사를 만들고 있기 때문이다.

모든 존재는 옳다

엉성하지만 훌륭하게 쓰이는 여섯번째 손가락을 창조해 낸 자이언트 판다, 멋진 등지느러미를 창조해 낸 어룡, 부리 아니 자신의 입에 멋진 감각기관을 장착한 오리너구리, 부레를 진화시킨 원시 물고기들, 그리고 조개임에도 미끼물고기를 달고 있는 람프실리스 조개, 그 밖의 다른 생명체 등등.

우리는 굴드가 그려낸 우연의 세계 속에서 자신의 삶을 필연으로 써 나가고 있는 생명의 구체적인 모습을 본다. 그러한 모습을, 불완전함을 존재양식이자 삶의 방식으로 하여 살아가는 생명에게서, 불연속적인 우연을 통해 자신의 새로운 길을 창조해 가는 생명에게서 볼 수 있었다.

생명은 활력과 에너지가 넘치는 능동적 존재들로서 자신의 역사를 창조적으로 구성해 나갔다. 생명은 변화하는 환경 속에서 역사적 서명이 새겨져 있는 자신의 신체를 가지고 자연선택의 시험대를 끊임없이 통과하려 분투했다. 누군가는 이를 장애물이자 방해물이라 명명했지만, 생명은 개의치 않았다. 생명은 자기 내부에 잠재된 무한한 가능성들 속에서 누구도 예측할 수 없었던 제3의 길을 발명해 냈고 창조했다. 그럼으로써 어떤 것에도 제약되지 않았다. 생명은 언제나 기존에 자신들이 지닌 조건하에서, 그리고 외부의 자연선택의 작용 속에서 전혀 알 수 없는 새로운 길로 도약했던 것이다.

그들은 임시방편의 땜질을 감행하기도 하고, 자신들에게 대물림된 모든 것을 징발하고, 활용하면서 삶의 활로들을 찾아갔다. 자연선택에 의해 점진적으로 변이들을 축적하는 것도 아니고, 이러한 과정을 통해 완벽한 최적의 적응에 도달하는 것도 아니었다. 그들은 자신들이 가진 내재적인 제약의 힘과 자연선택의 힘 사이에서 도약한다. 그들은 그 사이에서 전혀 예측불가능한 무엇을 만들어 낸다. 이러한 도약의 지점, 생명이 변화하는 불연속한 지점이 바로 '우연'인 것이다. 개개의 생명체들은 각자의 우연들을 만들었고, 이를 통해 새롭게 나아갔다.

누군가 그들 제각각의 모습을 보고 불완전하며, 엉성하다고 할지도 모르겠다. 생명은 아랑곳하지 않을 것이다. 그들이라면 불완전함을 의식해 본 적도 없으리라. 그들은 불완전함이라는 의미를 완전히 전도시켜 버렸다. 불완전함은 우연한 세계에서 우연한 생명이 사는 그 자체의 모습이자, 그들의 생존조건, 즉 존재의 토대일 뿐이다. 역설적이지만 '불완전함'이라는 말에는 부정적인 의미(완전함을 결여했다 의미에서)가 포함될 여지가 하나도 없다. 만약 생명이 '불완전성'이라는 용어를 사용한다면, 그것은 완전함이란 것이 비현실적이고 추상적인 것임을 강조하기 위함일 것이다.

생명은 불완전함을 완전히 긍정한다. 그들은 불완전성을 통해 자기 삶의 지반 그리고 계통적 연속성을 구성해 왔다. 그들은 불완전함을 창조의 도약대로 전환하는 힘을 가지고 있다. 자이언트 판다의 계통들이 초식을 해야 하는 상황에 처했을 때, 임시방편과 땜질의 굴절적응을 통해 그들만의 사는 방식을 개척해 나갔듯 말이다. 이러한 힘은 불완전한 '굴절적응의 풀'에서 나왔고, 이를 통해 생명은 계속 불완전해짐으로써만 살아갔다. 굴절적응은 불완전함을 인정하고, 더 나아가서 이를 자기 존재의 발판이자 도약대로 삼는 일이었다. 불완전성을 창조적인 장으로 만드는 생존의 기술을 통해 생명은 충만함을 느낀다. 누군가가 그들의 삶과 진화방식에 대해 이상하고 질서 없다 말할지라도 그들은 어떤 결핍감을 느끼기는커녕 오히려 그에게 당당함을 드러낼 것이다. 그것들은 자신들이 열어낸 새로운 삶의 길이자, 그들이 살고 있는 삶의 토대이기 때문이다. 이렇게 생명은 생성과 창조의 충만함 속에 있다. 자신의 삶을 긍정하는 생명의 모습 속에서 우리는 생명체 각자가 지닌 유일무이한 독특성을 본다.

굴드는 『풀하우스』에서 우연한 세계 속에서 독특하게 자신들의 삶을 만들어 나가고 있는 생명을 두고 이 세계의 실상이라 말한다. 다양한 개체들에 의해 이루어진 전체, 온갖 다양한 생명체들이 혼종적으로 존재하는 그 집단 전체가 자연의 참모습이다. 그들 전부를 대변하는 어떤 대표값을 찾을 수 없기 때문이다. 굴드는 생명체를 일반화하는 것이 아니라 그들 모두를 호명하기 위해 일반화로 포착할 수 없는 집단 전체, '풀하우스'를 이야기한다.

> 진심으로 나는 독자들이 다윈 혁명의 깊은 의미를 잘 이해함으로써, 다양한 개체들에 의해 이루어진 전체가 자연의 참모습임을 깨닫게 되기 바란다. 즉, 이 책을 통해 여러분들이 "이 세계는 무엇으로 이루어졌는가?"라는 질문에 대해 그 무엇으로도 환원될 수 없는 '변이(variation) 그 자체'로 세계가 이루어져 있다고 대답할 수 있어야 한다.굴드, 『풀하우스』, 이명희 옮김, 사이언스북스, 2002, 14쪽

생명은 어떤 수치나 평균값에 의해 대표될 수도 없고, 이들을 어떤 동일한 인과율과 선형적 진보관 속에 집어넣을 수 없다. 우리는 종종 이러한 진보관이나 법칙을 통해 인간을 진화의 정점에 두고, 이를 기준으로 생명을 서열화한다. 그래서 생명사 전체, 생명 시스템 전체를 보지 않고 인간의 고등함을 밝히는 데 유리한 부분들만을 취한다. 하지만 전체 시스템 '풀하우스' 속에서 인간은 그 어떤 특별한 존재일 수 없다. 우리는 풀하우스의 개체들 중 하나일 뿐이기 때문이다. 또 진화에서 일어난 모든 사건은 예측불가능하고, 우연적이다. 따라서 호모 사피엔스의 출현은 예정된 결과가 아니라, 다시는 반복될 수 없는 특별한 사건으로 봐야 한다.

물론 그런 점이 인간이라는 존재를 의미있게 하지만, 그것이 인간 존재를 다른 생명체들에 비해서 훌륭하게 만드는 것은 아니다.

우리는 우연으로 가득 찬 생명의 역사에서 무수한 생명체들이 각자의 삶의 방식을 창안하며, 모두 차이 나는 삶들을 만들어 내고 있는 것을 본다. 이는 모두 승자가 되는 승리의 행진을 보여 준다. 우연한 세계, 무수한 생명체들이 수많은 길들을 내는 무궁무진한 다양성의 세계, 무엇과도 비교될 수도, 환원될 수도 없는 개개의 생명체들이 긍정되는 이 찬란한 다양성의 세계, 무한한 탁월함이 존재하고, 매번 무한한 탁월함이 생산되는 장, 그것이 생명의 역사였다.

우연한 세계, 다양성 넘치는 생명의 진화 속에서 굴드는 이렇게 말할 것이다. "wonderful life!" "이렇게 근사한 삶들이 있다니!" 개개의 생명이 이렇게 멋지게 살고 있는데, 어찌 누구의 삶을 비천하다고 말할 수 있으랴. 또 이런 생명체에 누가 하등과 고등의 딱지를 붙인다는 말인가. 굴드가 보기에 이들 모두가 승자다. 그들은 각자의 삶을 각자의 방식대로 원더풀하게 살아가는 삶의 달인이다. 이쯤에서 만나 보는 굴드의 명대사!

> 결국 우리가 가진 것이 우리에게 최선이다. 존재하는 것은 무엇이든 옳다. 굴드, 「기술의 판다원리」, 『힘내라 브론토사우루스』, 83쪽

그렇다. 존재하는 것은 무엇이든 옳다. 모든 생명체는 그 자체로 옳다. 그 자체의 삶들이 모두 경이롭다고 할 수밖에. 그리하

여 모든 변이 그 자체는 의미있다고 말할 수밖에. 이것이 우연한 세계 속에서 생명의 진화를 바라보는 굴드의 혜안이며, 이런 시각 속에서 굴드는 세상의 모든 존재들, 변이 그 자체를 긍정한다.